普通高等教育"十三五"规划教材

电工电子实训教程

董景波　主编

U0342624

北　京

冶　金　工　业　出　版　社

2019

内 容 提 要

　　本书内容包括电子类实训和电工类实训两部分实训项目。电子类实训介绍了收音机、智能循迹小车、数字电子钟、声光控开关、调压（调光、调速）开关、调频对讲机、USB花仙子音箱等7个实训项目；电工类实训介绍了家用灯光照明、室内电路的设计与安装、电机控制等3个实训项目。附录中介绍了各实训项目中涉及的基础理论知识和实际操作技能。

　　本书可作为高校电子技术、通信技术、计算机应用技术、机电一体化、机械及自动化等相关专业电工电子技术课程的实训教材，也可以作为成人教育和相关工程技术人员的实用参考书。

图书在版编目（CIP）数据

　　电工电子实训教程/董景波主编. —北京：冶金工业出版社，2016.4（2019.1重印）
　　普通高等教育"十三五"规划教材
　　ISBN 978-7-5024-7201-6

　　Ⅰ.①电… Ⅱ.①董… Ⅲ.①电工技术—高等学校—教材 ②电子技术—高等学校—教材 Ⅳ.①TM ②TN

　　中国版本图书馆CIP数据核字（2016）第044408号

出 版 人　谭学余
地　　址　北京市东城区嵩祝院北巷39号　邮编　100009　电话　(010)64027926
网　　址　www.cnmip.com.cn　电子信箱　yjcbs@cnmip.com.cn
责任编辑　张耀辉　宋　良　美术编辑　吕欣童　版式设计　彭子赫
责任校对　禹　蕊　责任印制　李玉山
ISBN 978-7-5024-7201-6
冶金工业出版社出版发行；各地新华书店经销；三河市双峰印刷装订有限公司印刷
2016年4月第1版，2019年1月第3次印刷
148mm×210mm；4.75印张；140千字；141页
18.00元

冶金工业出版社　投稿电话　(010)64027932　投稿信箱　tougao@cnmip.com.cn
冶金工业出版社营销中心　电话　(010)64044283　传真　(010)64027893
冶金工业出版社天猫旗舰店　yjgycbs.tmall.com
　　　　　（本书如有印装质量问题，本社营销中心负责退换）

前　言

　　本书为高校非电专业的本科生教材，结合编者多年指导电工电子实训积累的经验以及现有的实验设备编写而成。本书以能力培养为本，以培养技能应用型人才为目的。根据高等教育的培养目标和能力要求，在保证必要的基本技能训练的基础上，以项目引领的形式对基础理论知识予以验证，以不同层次要求促进学生的求知欲和探索欲，提高学生通过实践解决问题的能力。

　　本书的特点为：以实训项目为导向，训练内容具备实用性，突出学生实践能力的培养；训练项目选用典型方案，训练设备选取通用型，具备较好的普适性；教材内容覆盖电工与电子技术基本知识点与能力点，组织形式灵活，各项目可按实际教学独立开课，也可配合电工技术和电子技术的课程教学开设实验；项目中涉及的所有理论基础知识均在附录中体现，拓展了知识面，也可供成人教育和相关工程技术人员作为实用参考书使用。

　　本书内容分为电子类实训和电工类实训两个模块，电子类实训部分介绍了收音机、智能小车等7个实训项目，电工类实训部分介绍了家用灯光照明、电机控制等3个实训项目。本书由董景波担任主编，负责教材的体系设计及统编工作，并编写附录1~附录5；电子类实训项目部分由高闯编写；电工类实训项目部分由蔡昌友编写；附录6、附录7由徐少川编写。

鉴于编者水平有限，书中难免有疏漏和不妥之处，敬请批评指正。

编　者
2016 年 1 月

目　　录

第1篇 电子类实训项目

项目1 收音机

1.1 工作原理

收音机是把广播电台发射的无线电波中的音频信号提取出来并加以放大,然后通过扬声器还原出声音。如图 1-1 所示,天线(磁棒具有聚集电磁波磁场的能力,而天线线圈是绕在磁棒上的)接收到的许多广播电台的高频信号,通过输入回路(为并联谐振回路,具有选频作用)选出其中所需要的电台信号送入变频级的基极;同时,由本机振荡器产生高频等幅波信号,它的频率高于被选电台载波465kHz,送至变频级的发射极;两者通过晶体管 be 结的非线性变换,将高频调幅波变换成载波为 465kHz 的中频调幅波信号。在这个变换过程中,被改变的只是已调幅波载波的频率,而调幅波的振幅的变化规律(调制信号即声音)并未改变。变换后的中频信号通过变频级集电极接的 LC 并联回路选出载波为 465kHz 的中频调幅信号,送到中频放大器,放大然后再送入检波器进行幅度检波,从而还原出音频

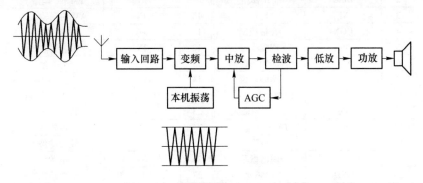

图 1-1 超外差收音机的工作方框图

信号；最后通过低频电压放大和功率放大，再去推动扬声器，还原出声音。超外差式收音机是目前较普及的收音机类型，其工作原理如图 1-2 所示。表 1-1 为集成电路各功能引脚说明。

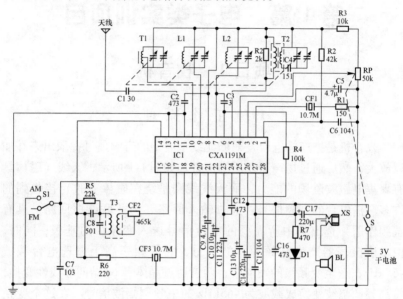

图 1-2　AM/FM 集成电路收音机原理图

表 1-1　集成电路各功能引脚说明

引脚	符号	功　能	引脚	符号	功　能
1	MUTE	静音	8	OUT	基准源输出
2	DISC	FM 移相	9	RF	FM RF 调谐
3	NF	反馈	10	IN	AM 射频输入
4	CON	音量控制	11	NC	空脚
5	OSC	调幅本振	12	IN	FM 射频输入
6	AFC	自动频率控制	13	GND	高频地
7	OSC	调频本振	14	OUT	中频输出
15	FM/AM SW	FM/AM 选择	22	AFC/AGC	AFC/AGC 控制
16	IN	AM 中频输入	23	OUT	检波输出
17	IN	FM 中频输出	24	IN	功放输入
18	NC	空脚	25	C	纹波滤波
19	METER	调谐指示	26	Vcc	电源
20	GND	中频地	27	OUT	功放输出
21	AFC/AGC	AFC/AGC 控制	28	GND	功放地

（1）输入回路。

从天线接收进来的高频信号首先进入输入调谐回路。输入回路的任务是：1）通过天线收集电磁波，使之变为高频电流；2）选择信号。在众多的信号中，只有载波频率与输入调谐回路相同的信号才能进入收音机。

（2）变频和本机振荡级。

从输入回路送来的调幅信号和本机振荡器产生的等幅信号一起送到变频级，经过变频级产生一个新的频率，这一新的频率恰好是输入信号频率和本振信号频率的差值，称为差频。例如，输入信号的频率是 535kHz，本振频率是 1000kHz，那么它们的差频就是 1000 – 535 = 465kHz；当输入信号频率为 1605kHz 时，本机振荡频率也跟着升高，变成 2070kHz。也就是说，在超外差式收音机中，本机振荡的频率始终要比输入信号的频率高一个 465kHz。这个在变频过程中新产生的差频比原来输入信号的频率要低，比音频却要高得多，因此我们把它称做中频。不论原来输入信号的频率是多少，经过变频以后都变成一个固定的中频，然后再送到中频放大器继续放大。这是超外差式收音机的一个重要特点。

（3）中频放大级。由于中频信号的频率固定不变而且比高频略低（我国规定调幅收音机的中频为 465kHz），所以它比高频信号更容易调谐和放大。通常，中放级包括 1～2 级放大及 2～3 级调谐回路。可以说，超外差式收音机的灵敏度和选择性在很大程度上取决于中放级性能的好坏。

（4）检波与 AGC 电路。

经过中放后，中频信号进入检波级，检波级也要完成两个任务：一是在尽可能减小失真的前提下把中频调幅信号还原成音频；二是将检波后的直流分量送回到中放级，控制中放级的增益（即放大量），使该级不致发生削波失真。通常称检波级为自动增益控制电路，简称 AGC 电路。

（5）低频前置放大级，也称电压放大级。

从检波级输出的音频信号很小，只有几毫伏至几十毫伏。电压放大的任务就是将它放大几十至几百倍。

（6）功率放大级。

电压放大级的输出虽然可以达到几伏，但是它的带负载能力还很差。这是因为它的内阻比较大，只能输出不到 1mA 的电流，所以还要再经过功率放大才能推动扬声器还原成声音。袖珍收音机的输出功率约在 50～100mW。

1.2　元　件　清　单

元件清单见表1-2。

表1-2　元件清单

序号	名　称	规格	数量	序号	名　称	规格	数量
01	集成电路 IC	CXA1691	1	22	电解电容 C5	4.7μ	1
02	发光二极管 D1	红色	1	23	瓷片电容 C6	104	1
03	振荡线圈 T2	红色	1	24	瓷片电容 C7	103	1
04	中频变压器 T3	黄色	1	25	瓷片电容 C8	501	1
05	磁棒及线圈 T1	4×8×80mm	1	26	电解电容 C9	4.7μ	1
06	滤波器 CF1	10.7M	1	27	电解电容 C10	10μ	1
07	滤波器 CF2	465	1	28	瓷片电容 C11	223	1
08	滤波器 CF3	10.7M	1	29	电解电容 C12	473	1
09	空心电感 L2	3.5T	1	30	电解电容 C13	10μ	1
10	空心电感 L3	4.5T	1	31	电解电容 C14	220μ	1
11	扬声器 BL		1	32	瓷片电容 C15	104	1
12	电位器 RP	50kΩ	1	33	瓷片电容 C16	473	1
13	电阻 R1	100kΩ	1	34	电解电容 C17	220μ	1
14	电阻 R2	42kΩ	1	35	四联电容		1
15	电阻 R3	22kΩ	1	36	波段开关		1
16	电阻 R4	10kΩ	1	37	印制电路板		1
17	电阻 R5	150kΩ	1	38	机壳上盖		1
18	瓷片电容 C1	30p	1	39	机壳下盖		1
19	瓷片电容 C2	473	1	40	螺丝		1
20	瓷片电容 C3	3	1	41	天线		1
21	瓷片电容 C4	151	1				

1.3　安装及焊接注意的问题及技巧

安装时，请先装低矮或耐热的元件（如电阻，使用方法见附录1.1），然后再装大一点的元件（如中周、变压器），最后装怕热的元件（如三极管，使用方法见附录1.5）。焊接时两手各持烙铁、焊锡，从两侧先后依次各以45°角接近所焊元器件管脚与焊盘铜箔交点处。待融化的焊锡均匀覆盖焊盘和元件管脚后，撤出焊锡并将烙铁头沿管脚向上撤出。待焊点冷却凝固后，剪掉多余的管脚引线，如图1-3所示（手工焊接技术详细方法见附录3.3.2）。

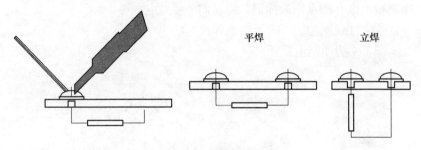

平焊　　立焊

图1-3　焊接示意图

焊接时的注意点：

①元件视情况立式焊装或卧式焊装均可；

②有字元件的有字一面要尽量朝同一方向；

③连接导线要先镀锡再焊接，剥线裸露部位不要高于1mm；

④焊接所用时间尽量短，焊好后不要拨弄元件，以免焊盘脱落；

⑤焊点应大小均匀，表面光亮，无毛刺无虚焊；

⑥元件管脚应露出焊点外0.2～1mm；

⑦焊接过程中，一定要注意焊接面的清洁。

总之，装配焊接过程中应当特别细心，不可有虚焊、错焊、漏焊等现象发生（焊接标准和原则见附录3.4和附录3.5）。初学者比较容易发生的错误有：

①电阻色环认错。色环中红、棕、橙容易混淆，在不能确定时，请用万用表检测其阻值（方法见附录2.1）。

②将电解电容器和发光二极管等有极性的元件焊反。电解电容器长脚为正极，短脚为负极，其外壳圆周上也标有"－"号，说明靠近"－"号的那根引线是负极。发光二极管的长脚为正极，短脚为负极，将管体透过光线来看，电极小那根引线是正极，另一根引线是负极。

③中周、振荡线圈弄混。振荡线圈 T2 的磁帽为红色，T3 是第一中周磁帽为白色，T4 是第二中周磁帽为黑色，它们之间千万不要弄混。

④输入变压器 T5 装反。T5 的塑料骨架上有凸点的一边为初级，印刷板上也有圆点作为标记，将它们一一对应即可。

⑤磁性线圈的线头未上锡就焊接。

图 1-4 为印制电路板。

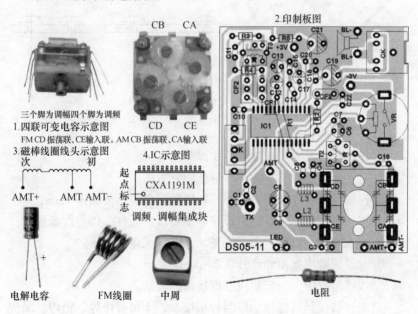

图 1-4   印制电路板

1.4   调试方法

收音机的调试主要包括基本调试（外观检查和静态电路测试）、

中周调整、中频频率调整和统调。

（1）收音机的基本调试：首先，按直观检查的方法对整机进行外观检查。外观检查有如下内容：焊接质量检查、电池夹弹簧检查、频率刻度指示检查、旋钮检查、耳机插座检查、机内异物检查等。结构调整主要是检查印制电路板各部件的固定是否牢靠，有无松动，各接插件间接触是否良好，机械转动部分是否灵活。其次，对电路电流进行测量。将电位器开关关掉，装上电池用万用表的 50mV 挡来测量，表笔跨接在电位器开关的两端（黑色表笔接电池负极，红色表笔接开关的另一端）若电流指示小于 10mV，则说明可以通电。将电位器开关打开（音量旋至最小即测量静态电流），用万用表分别依次测量电位器的四个电流缺口，若被测量电流的数字在规定的参考值的左右，即可用电烙铁将四个缺口依次连通，再把音量开到最大，调双连拨盘即可收到电台。

在安装电路板时，注意把喇叭及电池引线埋在比较隐蔽的地方，并且不要影响调谐拨盘的旋转并避开螺丝桩子，电路板挪位后再上螺丝固定。测量不在规定范围的电流值时，要仔细检查三极管的极性有没有装错，中周是不是装错位置以及有否虚焊等，若测量出哪一级电流不正常，则说明那一级的电流存在问题。

（2）中周调整：由于和中周变压器并联的电容器的容量总存在误差，机内的布线也存在着不同的分布电容，这些都会引起中周变压器的失谐，所以要进行调整。但由于中周在出厂时厂家就已经调好，在这里就不需要再来调整中周了。如果出厂时没有调整好中周，则可以按以下方法进行中周调整：把高频信号发生器调到 465kHz 上，双连电容逆时针旋到头，然后调 T2（红色）、T3（黄色）两个中周，反复调几次，达到收音机喇叭声音最响为止。

（3）中频频率调整：收音机中波段频率范围一般规定在 535～1605kHz。它是通过双连电容从容量最大到容量最小来实现这种连续调谐的。为了满足上述的要求，必须调整频率范围。若出厂前厂家也已经调整好，在这也不需要再调整了。

（4）统调：统调就是通过调试收音机的输入回路、本机振荡频率、中放回路的中频频率校正，从而达到在接收的频率范围内，机子具有良好的频率跟踪特性。所谓跟踪，是指在接收的频率范围内，当接收任一频率的电台时，本机振荡频率与要接收的频率通过混频电路后都应该输出标准的中频频率信号。在超外差 AM（调幅）波段中，中频频率为 465kHz。从理论上讲，中波收音机从 525～1605kHz 的范围内，振荡频率和外部电台频率之差各点都应该是 465kHz，但实际上这是很难做到的。为了使整个波段内都能做到基本同步，经过大量实验证明，只要把 600kHz，1000kHz，1500kHz 这三点调准就可以了，所以要进行三点统调。

中波的频率范围是：530～1600kHz，那么本机振荡的频率范围就应该在 955～2065kHz，收音机是通过一个双联可变电容来同时改变输入回路的谐振频率和本机振荡频率的，理想状态下，我们选台时，在整个波段的频率范围内，本机振荡频率与输入回路谐振频率之差都应该保持在 465kHz，但实际情况并没有这么理想。由于本机振荡电路与输入回路分属不同的谐振槽路且谐振频率也不同，虽然输入回路和本机振荡电路的谐振电容是同步联动的，但由于电路参数的差异，很难保证在整个接收频率范围内都能准确地差频出 465kHz 中频，为此在实际电路中都采取了一些补偿措施。一般说来，输入回路的线圈和本机振荡线圈及所配的双联电容都是配套元件。

统调的具体方法为：在波段的低端接收一个已知频率的本地强信号台，当接收到电台声音后，看此时调谐刻度指针所指的频率是否和所接收的频率一致，如果不一致，可调整本机振荡线圈 B5 的磁芯，并同时旋动调谐旋钮，直到刻度指针所指示的频率与接收频率一致，然后调整输入回路线圈 L2 在磁棒的位置是声音最大为止；如果刻度指针所指示的频率与接收频率已经一致，此时只要调整 L2 使声音最大即可。统调的第三步方法与第二步相似，在波段的高端接收一个已知频率的强信号电台，分别调整 C2 和 C9 使刻度指针所指的频率与接收的频率一致且声音最大即可。反复第二和第三步进行微调使接收效果达到最好。高、低端调试好后，中端一般不需调整，除非在输入回路或本机振荡电路所使用的元件参数有误。

图 1-5 和图 1-6 分别为组装好的收音机的正面图和内部实物图：

图 1-5　收音机正面实物图

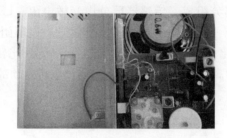

图 1-6　收音机内部实物图

项目2　智能循迹小车

2.1　工　作　原　理

（1）电源电路工作过程

如图2-1所示，智能循迹小车由传感器、电压比较器、电机驱动部分和电源四部分组成。传感器部分由光敏电阻、LED以及滑动变阻器等元件组成，通过黑白跑道的反光使光敏电阻阻值变化，导致 A、B 端电压变化；然后经比较器集成电路LM393比较 A、B 两端电压，决定输出为高电平还是低电平，从而由电机驱动部分来决定是否能使三极管导通、电动机转动。

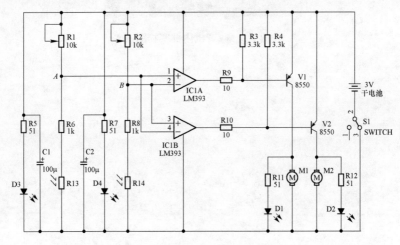

图2-1　智能循迹小车原理图

（2）智能循迹小车工作过程

小车正常行驶时，红色 LED 光投射到白色区域，反射强光，光敏电阻 R13、R14 阻值不发生明显变化，A、B 点电压值保持相同，比较器 IC 输出低电平（比较器同相输入端1、3与反相输入端2、4

电压相等时，输出为低电平）。Q1、Q2 导通，电动机 M 转动，发光二极管 D1 和 D2 发光。

当小车一端红色 LED 光投射到黑色跑道时，即出现不平衡时，D3 反光率低，感应到外界为弱光所以光敏电阻 R13 阻值升高，A 点电压上升高于 B 点电压，所以电压 1 高于 2，输出为高电平，三极管不导通，电机动停转；4 点电压高于 3 点电压，输出为低电平，三极管导通，电动机旋转；从而使小车修正方向，恢复到正确的方向上。反之，小车另一端红色 LED 光投射到黑色跑道时，D4 反光率低，感应到外界为弱光，所以光敏电阻 R14 阻值升高，B 点电压上升高于 A 点电压，所以电压 2 高于 1，输出为低电平，三极管导通，电动机旋转；3 点电压高于 4 点电压，输出为高电平，三极管不导通，电动机停转；从而使小车修正方向，恢复到正确的方向上。整个过程是一个闭环控制，因此能快速灵敏地控制（V1 与 V2 为 PNP 型三极管，低电平导通，高电平截止）。

（3）传感器电路工作原理

传感器电路由滑动变阻器 R1、R2，电阻 R5、R6、R7、R8，光敏电阻 R13、R14，发光二极管 D3、D4，以及电容 C1、C2 组成。小车正常行驶后，发光二极管 LED 全发红光，当红光全部投射到白色区域时，反射强光，光敏电阻 R13、R14 阻值不发生明显变化，则 A、B 两点电压并不发生明显变化。而仅当其中一个 LED（设 D3）的红光投射到黑色跑道时，反光率低，从而导致 R13 的阻值升高，引起 A 点电压升高。电路中滑动变阻器的作用即为调节 A、B 两点电压稳定。

（4）电压比较器电路工作过程

电压比较器部分电路主要由集成比较器 LM393 组成。主要工作过程就是判断比较器输入端口电压高低，从而决定输出是高电压还是低电压。按照传感器电路工作过程来说，当两 LED 红光都投射到白色区域，A、B 两端电压相等，则电压比较器都输出低电平。而当一个 LED 红光投射到黑色跑道上，A、B 两端电压不相等，则输出一高一低电平。

（5）电机驱动电路工作过程

电压比较器输出的高低电平通过三极管来判定三极管是否导通。PNP 型三极管，当输入为低电平时，三极管导通；否则三极管截止。三极管导通才有电流使电动机旋转，否则电动机停转。此部分电路当前端 LED 红光都投射到白色区域时，两个三极管输入都为低电平，三极管都导通，电动机都旋转；而当其中一个 LED 红光投射到黑色跑道，三极管输入电平即为一高一低，一导通一截止，故电动机一旋转一停转。电动机驱动，发光二极管亮。旋转电动机使小车回到正常的轨道上。电阻 R3、R4、R9、R10 的作用为上拉电阻，因为 LM393 采用集电极开路输出，所以必须加装上拉电阻才能输出高电平。

2.2　元件清单

元件清单分别见表 2-1 ~ 表 2-3。

表 2-1　元件清单

序号	名称	规格	数量	序号	名称	规格	数量
01	集成电路 IC1	LM393	1	14	色环电阻 R10	10	1
02	集成电路座	8 脚	1	15	色环电阻 R11	51	1
03	电解电容 C1、C2	100μF	1	16	色环电阻 R12	51	1
04		100μF	1	17	光敏电阻 R13	CDS5	1
05	可调电阻 R1、R2	10K	1	18	光敏电阻 R14	CDS5	1
06		10K	1	19	发光二极管 D1	LED	1
07	色环电阻 R3	3.3K	1	20	发光二极管 D2	LED	1
08	色环电阻 R4	3.3K	1	21	发光二极管 D3	LED1	1
09	色环电阻 R5	51	1	22	发光二极管 D4	LED2	1
10	色环电阻 R6	51	1	23	三极管 V1	8550	1
11	色环电阻 R7	1K	1	24	三极管 V2	8550	1
12	色环电阻 R8	1K	1	25	开关 S1	SWITCH	1
13	色环电阻 R9	10	1				

表 2-2 机械零部件清单

序　号	名　称	规　格	数　量
01	减速电机 M1、M2	JD3-100	1
02			1
03	车轮	—	2
04	硅胶轮胎	25×2.5	2
05	轮毂螺丝	M2.2×7	2
06	万向轮螺丝	M5×30	1
07	万向轮螺丝	M5	1
08	万向轮	M5	1

表 2-3 其他零配件清单

序　号	名　称	规　格	数　量
01	电路板	D2-1	1
02	连接导线	红色	1
03		黑色	1
04	胶底电池盒	AA×2	1
05	说明书	A4	1
06	外包装	10×16	1

2.3　安装及焊接注意的问题及技巧

　　电路焊接部分比较简单，焊接顺序按照元件高度从低到高的原则，首先焊接 8 个电阻，焊接时务必用万用表确认阻值是否正确。焊接有极性的元件如三极管、绿色指示灯、电解电容时，务必分清楚极性，尽量参考图示的元件方向焊接。焊接电容时，引脚短的是负极，插入 PCB 丝印上阴影的一侧。焊接绿色 LED 时，注意引脚长的是正极，并且焊接时间不能太长，否则容易焊坏。D3、D4、R13、R14 可以暂时不焊，集成电路芯片可以不插。初步焊接完成后，务必细心核对，防止因粗心大意而出错。

2.4 调 试 方 法

（1）机械组装

将万向轮螺丝穿入 PCB 孔中，并旋入万向轮螺母和万向轮。电池盒通过双面胶贴在 PCB 上，引出线穿过 PCB 预留孔焊接到 PCB 上，红线接 3V 正电源，黄线接地，多余的引线可以用于电机连线。

机械部分组装可以先组装轮子，用黑色的自攻螺丝固定在电动机的转轴上，最后将硅胶轮胎套在车轮上。用引线连接好电动机引线，最后将车轮组件用不干胶粘贴在 PCB 指定位置，注意车轮和 PCB 边缘保持足够的间隙。将电机引线焊接到 PCB 上，注意引线适当留长一些，便于在发现电动机旋转方向错误后，调换引线的顺序。

（2）安装光电回路

光敏电阻和发光二极管（注意极性）是反向安装在 PCB 上的，和地面间距约 5mm。光敏电阻和发光二极管之间距离也在 5mm 左右。然后可以通电测试。

（3）整车调试

在电池盒内装入 2 节 AA 电池，开关拨在"ON"位置上，小车正确的行驶方相是沿万向轮方向行驶。如果按住左边的光敏电阻，小车的右侧的车轮应该转动；按住右边的光敏电阻，小车的左侧的车轮应该转动；如果小车后退行驶可以同时交换两个电动机的接线；如果一侧正常另一侧后退，只要交换后退一侧电动机接线即可。

图 2-2 为组装好的智能循迹小车的实物图。

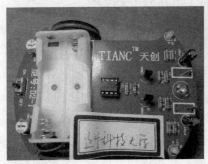

图 2-2 智能循迹小车实物图

项目3 数字电子钟

3.1 工 作 原 理

DS-2042 型数码显示电子钟电路如图 3-1 所示，采用一只 PMOS 大规模集成电路 LM8560 和四位 LED 显示屏，通过驱动显示屏便能显示时、分。振荡部分采用石英晶体作时基信号源，从而保证了走时的精度。本电路还供有定时报警功能。它定时调整方便，电路稳定可靠，能耗低。

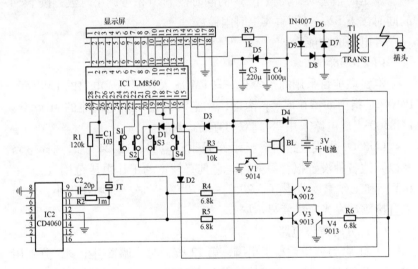

图 3-1　数字电子钟原理图

LM8560 是 50/60Hz 的时基 24 小时专用数字钟集成电路，有 28 只管脚，1～14 脚显示笔画输出，15 脚为正电源端，20 脚为负电源端，27 脚为内部振荡器 RC 输入端，16 脚为报警输出。T1 为降压变压器，经桥式整流（D6～D9）及滤波（C3、C4）后得直流电，供主电路和显示屏工作。当交流电路停电时，备用电路通过 D5 向电路供电。

CD4060、JT、R2、C2 构成 60Hz 的时基电路。CD4060 内部包含 14 位二分频器和一个振荡器，电路简洁。30720Hz 的信号经分频后，得到 60Hz 的信号传输到 LM8560 的 25 脚，经 V2、V3 驱动显示屏内的各段笔划分两组轮流发亮。当调定好时间后，按下开关 K1（白色钮），显示屏右下方有绿点指示，到定时时间后有驱动信号经 R3 使 V1 工作，即可定时报警。

在面板上从左到右，装有五个微动开关，分别是 S4、S3、K1、S2、S1。S1 调小时，S2 调分钟，S3 调时钟，S4 调定时。

调时钟时，需按下 S3 的同时按下 S1，即可调小时数；按下 S3 的同时按下 S2，可调事实上的时闹铃数。

调定时报警时，需按下 S4 的同时按下 S1，可调小时数；按下 S4 的同时按下 S2，可调事实上时闹铃数。

各电路的功能为：

（1）LM8560

本实训项目采用的是含有一只 PMOS 大规模集成电路的 LM8560。PMOS 是指由 n 型衬底、p 沟道，靠空穴的流动运送电流的 MOS 管。LM8560 集成电路采用 28 脚双列直插式封装。

LM8560 集成电路内含显示译码驱动电路、12/24 小时选择电路及以其他各种设置报警等电路。它具有较宽的工作电压范围（7.5～14V）和工作温度范围（-20℃～+70℃）。它自身功耗很小，输出能直接驱动发光二极管显示屏。

（2）分时调整电路

第 21 脚为分位调整引出脚，第 22 脚为时位调整引出脚，分别用按钮连于 20 脚。这两个脚接通分位和时位，分别以每秒递增 1 的速度递进，可以用来校时和预置报警时间及睡眠时间。

（3）报警电路

第 19 脚为报警显示输入端，将这个脚接到 20 脚，可显示报警时间，配合第 21 脚和第 22 脚的时间调整功能，可任意设定报警时间。当实际时间和预置时间一致时，可从第 16 脚输出一个 5mA 的报警信号，驱动压电片发出报警声音，或整流滤波后驱动继电器控制其他电器工作。

（4）外部时钟电路

CD4060、JT、R2、C2 共同构成 60Hz 时基电路。30720Hz 的晶振信号经过 CD4060 内部的分频器后得到 60Hz 的信号，送至 LM8560 的 25 引脚作为时基信号。

CD4060 为 14 级 2 分频电路，其中 13 引脚为输出端，即前 9 级 2 分频电路的输出端，故 30720Hz 经过 9 级 2 分频后，可得到 60Hz 信号输出。

3.2　元件清单

元件清单见表 3-1。

表 3-1　元件清单

序号	名称	规格	数量	序号	名称	规格	数量
1	集成电路 IC1	LM8560	1	18	电解电容 C3	220μF	1
2	集成电路 IC2	CD4060	1	19	电解电容 C4	1000μF	1
3	二极管 D1-D9	IN4001	9	20	轻触开关 S1-4	6×6×17	4
4	三极管 VI3 VI4	9013	2	21	自锁开关 K1	7×7	1
5	三极管 VI2	9012	1	22	按键帽		1
6	三极管 VI3-4	9013	1	23	集成插座	28 密脚	1
7	显示屏 LED	FTTL-655G	1	24	集成插座	16 脚	1
8	晶振 JT	30.720K	1	25	偏插头	1.2M	1
9	蜂鸣器 BL	12×9	1	26	排线	8CM×18	1
10	电源变压器	220V/9V/2W	1	27	导线	1.0×60mm	4
11	电阻 R7	1K	1	28	电池极片		1
12	电阻 R4.5.6	6.8K	3	29	前后壳电池盖	前后壳电	3
13	电阻 R3	10K	1	30	螺丝	PA3×6mm	5
14	电阻 R1	120K	1	31	螺丝	PA3×8mm	1
15	电阻 R2	1M	1	32	热缩管	3×20	2
16	瓷片电容 C2	20P	1	33	说明书	说明书	1
17	瓷片电容 C1	103P	1	34	线路板		1

3.3　安装及焊接注意的问题及技巧

（1）在动手焊接前，用万用表将各元件测量一下。安装时，请先装低矮和耐热的元件（如电阻），然后再装大一点的元件，最后装怕热的元件。安装电阻时，请将电阻的阻值选择好，根据两孔的距离可采用立式紧贴电路板安装。安装电解电容器（使用方法见附录1.2），二极管（使用方法见附录1.4），三极管（使用方法见附录1.5）时，注意型号。轻触开关和自锁开关须紧贴电路板安装。

（2）棒线两端去塑料皮上锡后，一端按电原理图的序号接 LCD 的显示屏，另外一端接电路板。安装蜂鸣器时，须注意接线，在蜂鸣器的两端分别焊接红、黑导线，导线的另一端分别接电路板的 BL + 、BL − 。另外，电路板上还有 4 根跳线，用其他元件多余的引脚充当。

（3）将热缩管套在电源变压器初级线圈的导线上，然后把插头电源线与初级线圈的导线焊在一起，移动热缩管至焊接处，确保使用安全。

（4）变压器安装在前盖两个高的座上，用螺钉固定，接入电路时注意分清初、次级。蜂鸣器装在前盖的固定插孔中，显示屏和电路板分别用四颗螺钉固定。电路板与显示屏之间的排线折成 S 形，防止排线在焊接处断裂。电源线卡好后引出，电池弹簧依顺序安好，再用螺丝固定即可。

3.4　调　试　方　法

（1）通电前应认真对照原理图、线路板，检查有无错焊、漏焊，特别是观察电路板上有无短路现象发生，如有故障要一一排除。只要焊接正确，通电后即可正常工作，时间显示并闪动，调整后就不闪了。

（2）先将电源调到规定数值，然后关闭电源，将电源接入待测电路。接通电源后仔细观察有无异常现象，包括有无冒烟，是否有异常气味，用手摸元器件是否发烫等。如果发现异常，应立即关断电源，待排除故障后方可重新通电。

（3）整机联调在各级调试完成后，将各级连接在一起，加入固定输入电压，测量总输出是否满足要求。

图 3-2 为组装好的数字电子钟的实物图。

图 3-2　数字电子钟实物图

项目 4　声光控开关

4.1　工　作　原　理

（1）电源电路工作过程

如图 4-1 所示，由 R1、R2、C1 等元件组成一个简单的直流稳压电源，输出至 CD4011 第 14 脚给整机供电。利用四个二极管的单向导电性，即加正向电压导通，加反向电压截止的特性，将交流220V 进行桥式整流，变成脉动直流电；又经 R1 降压，R2、C1 滤

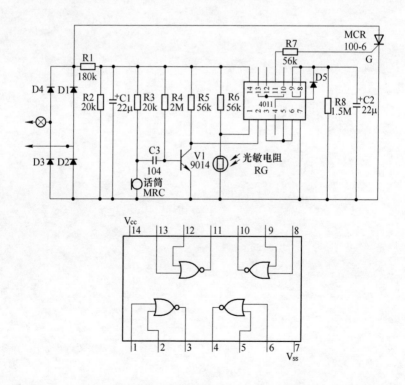

图 4-1　声光控开关原理图及 CD4011 结构图

波，使波形变得平滑，得到较为稳定的直流电源，为助极体话筒（MRC）、放大电路（V1）、逻辑电平反转及触发电路（CD4011 芯片）等供电。

（2）声光控开关工作过程

白天灯不亮，由光敏电阻 RG、R6 等元件组成光控电路。当光强达到一定强度时，光敏电阻 RG 阻值变小，与 R6 分压后，使 CD4011 的 1 脚处于逻辑低电平 0。11 脚与 1 脚、2 脚的关系：1 脚、2 脚相当于一个与门的输入端；11 脚相当于一个与门的输出端。这时不管有无声音信号输入，CD4011 的 11 脚都是低电平，晶闸管 MCR100-6 控制极 G 不触发，正向阻断，灯不亮。光线变暗后，光敏电阻 RG 阻值逐渐增大，1 脚电位逐渐上升为逻辑高电平 1。当环境声音信号很弱时，三极管 V1 处于饱和状态，2 脚为低电平 0，11 脚为低电平，晶闸管仍然阻断，灯不亮。光线变暗后，1 脚为逻辑高电平 1，当环境声音信号达到一定强度时，由驻极体话筒 MRC 接收并转换成电信号，经 C3 耦合到晶体管的基极进行电压放大。放大的信号送到 CD4011 的 2 脚，使 2 脚处于高电平，11 脚为高电平，晶闸管导通，灯点亮。

（3）延时电路工作过程

延时电路由 CD4011 及 R7 等组成。当白天或光线很亮时，CD4011 的 1 脚为低电平，11 脚输出为低电平，晶闸管不被触发，灯不亮；当环境光线较暗时，CD4011 的 1 脚为逻辑高电平，为 3 脚的翻转提供了条件，3 脚的翻转与否受控于 2 脚的电平高低（声控电路的输入端）。当有声音信号输入使 2 脚为高电平时，输出端 3 脚跳变为低电平，4 脚跳变为高电平并经 D5 向 C2 充电，C2 上的电压不断升高。当 C2 上的电压上升到 IC 逻辑高电平时，10 脚变为低电平，11 脚输出高电平，经 R7 分压后加到晶闸管的控制极，晶闸管被触发导通，灯点亮。经过 C2 充电过程，起到延时的作用。C2 充电的时间，就是延时的时间。

4.2　元　件　清　单

元件清单见表4-1。图4-2为印制电路板。

表4-1　元件清单

序号	名　　称	规　格	数　量	备　注
1	电阻 R1	180kΩ	1只	
2	电阻 R2、R3	20kΩ	2只	
3	电阻 R4	2MΩ	1只	
4	电阻 R5、R6、R7	56kΩ	3只	
5	电阻 R8	1.5MΩ	1只	
6	电容 C3	104		
7	电解电容 C1、C2	22μF	2只	
8	二极管	IN4007	5只	
9	晶闸管	MCR100-6	1只	
10	三极管 V1	9014	1只	
11	光敏电阻	GL3516	1只	
12	驻极体传声器	CRZ2-9		
13	集成电路	CD4011	1只	
14	电源线		1根	220交流
15	灯泡	220/25W	1只	

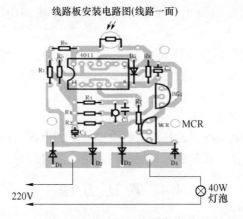

图 4-2 印制电路板

4.3 安装及焊接注意的问题及技巧

（1）安装电阻

根据焊接工艺要求（焊接标准和原则见附录 3.4 和附录 3.5）将引脚焊接到电路板上，剪断剩余引线，距离板面约 1mm。

（2）安装二极管

将二极管安装到电路板上，注意二极管的极性。

（3）安装电容器

根据电路板上的标注安装电容器，本电路中共有三个电容器，其中一个为瓷片电容，两个为电解电容。一般情况下，电解电容引脚长的一端为正极，引脚短的一端为负极。观察电解电容的外表，标有"—"的一端为负极。（电容器使用方法见附录 1.2）

（4）安装三极管和晶闸管

根据电路板上的标注，安装三极管和晶闸管。三极管容易受温度影响，在焊接过程中要注意焊接时间，一般以 3s 为宜。

（5）安装话筒、光敏电阻以及 IC 集成块

安装话筒之前，要先对引脚进行处理，将两根金属导线（也可用剪下的元器件的引脚）焊接到话筒的两极上。

（6）焊接电源线

将导线从电路板正面穿过，将导线头焊接到印刷电路板的覆铜面。

（7）固定电路板

将电路板用螺丝钉固定到后面板上，盖上后盖后，再用螺丝钉将后盖固定。

（8）整机装配

连接电源插头线以及灯泡，将电路板上的电源引线一端接电源插头，一端接灯泡，用焊锡固定后，再用绝缘胶带封好。

4.4　调 试 方 法

（1）通电前对电路板进行安全检测

①根据安装图检查是否有漏装的元器件或连接导线。

②根据安装图或原理图检查二极管、三极管、电解电容的极性安装是否正确。

③检查 220V 交流电源是否正常。

④断开 220V 交流电源，测量电源连接点之间的电阻值。若电阻值太小或为 0（短路），应进一步检查电路。

⑤完成以上检查后，接好 220V 交流电源即可进行测试。

（2）声光控节能开关的基本功能

①声控功能：只要拍一下手，电灯就自动亮起；也可以用同样的方法关闭。

②光控功能：利用手电筒等光源照一下电灯的光感应元件，使电灯无法在光亮的环境下亮起来。

③延时功能：电灯亮起后，过一段时间能自动关闭。

（3）电路主要故障检测

按信号流程顺序检测各个功能单元电路的输入信号和输出信号。若输入信号正常，输出信号不正常，说明该单元有故障（检测信号电压）。

用万用表检测二极管两端电压值，三极管发射极、基极、集电极的电位值，有光和无光两种情况下光敏电阻两端的电压值。

图 4-3 为组装好的声光控开关的实物图。

图 4-3　声光控开关实物图

项目5　调压（调光、调速）开关

5.1　工作原理

　　如图5-1所示，交流电压经四个二极管组成的整流电路整流后变为直流脉动电压，加在晶闸管MCR100-6的阳极和阴极之间，此时管子并不导通。滑动变阻器W、电阻R1、R2、电容C组成阻容触发电路，晶闸管由R2两端的电压触发导通。调节变阻器W可以改变R2两端的电压，即改变了晶闸管MCR100-6的导通角，从而改变了流过白炽灯或电扇的电流，实现了对白炽灯调光或电风扇调速的目的。

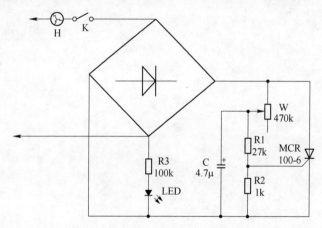

图5-1　调压（调光、调速）开关原理图

5.2　元件清单

　　元件清单见表5-1。

表5-1　元件清单

序号	名称	规格	数量	备　注
1	二极管	IN4700	4	

序号	名　称	规　格	数量	备　　注
2	电阻 R1	2.7kΩ	1	
3	电阻 R2	1kΩ	1	
4	电阻 R3	100kΩ	1	
5	电解电容 C	4.7μF	1	
6	滑动变阻器 W	470kΩ	1	
7	晶闸管	MCR100-6	1	
8	发光二极管	φLED	1	只作指示用，可以不装
9	电源线		1 根	200V 交流
10	灯泡或电扇		各 1 只	

5.3　安装及焊接注意的问题及技巧

晶闸管调光电路故障分析及处理。晶闸管调光电路在安装、调试及运行中，由于元器件及焊接等原因产生故障，可根据故障现象，用万用表、示波器等仪器进行检查测量，并根据电路原理进行分析，找出故障原因并进行处理。

注意事项如下：

（1）注意元件布置要合理。

（2）焊接应无虚焊、错焊和漏焊，焊点应圆滑无毛刺。

（3）焊接时，应重点注意二极管、晶闸管等元件的管脚。

（4）晶闸管调光电路的调试。

5.4　调　试　方　法

（1）通电前的检查。对已焊接安装完毕的电路板，根据图 5-2 所示电路进行详细检查。重点检查二极管、晶闸管、电解电容等元件的管脚是否正确，输入、输出端有无短路现象。

（2）通电调试。对主电路与阻容触发电路进行调试。

图 5-3 为组装好的调压（调光、调速）开关的实物图。

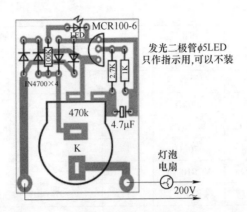

图 5-2　印制电路板

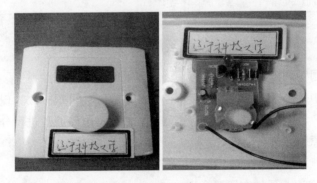

图 5-3　调压（调光、调速）开关实物图

项目6 调频对讲机

6.1 工作原理

（1）电源电路工作过程

调频对讲机是通过调节频率使一组对讲机的接收频率和发射频率与另一组对讲机的发射频率和接收频率相同，从而实现对讲功能的无线通信工具。

（2）调频对讲机工作过程

本套件用的核心芯片为 D1800，它作为收音接收专用集成电路，功放部分选用 D2822。对讲的发射部分采用两级放大电路，第一级为震荡放大电路；第二级为发射部分，采用专用的发射管使发射频率和对讲距离大大提高。它具有造型美观、体积小、外围元件少、灵敏度极高、性能稳定、耗电省、输出功率大等优点。

（3）接收部分工作过程

调频信号由 TX 接收，经 C0 耦合到 IC1 的 19 脚内的混频电路。IC1 第 1 脚为本振信号输入端，内部为本机振荡电路，L4、C、C10、C11 等元件构成本振的调谐电路。在 IC1 内部混频后的信号经低通滤波器后得到 10.7MHz 的中频信号，中频信号由 IC1 的 7、8、9 脚内电路进行中频放大、检波。7、8、9 脚外接的电容为高频滤波电容，10 脚外接电容为鉴频电路的滤波电容。此时，中频信号频率仍然是变化的，经过鉴频后变成变化的电压，这变化的电压就是音频信号。经过降噪的音频信号从 14 脚输出耦合至 12 脚内的功放电路，第一次功率放大后的音频信号从 11 脚输出，经过 R10、C25、RP 耦合至 IC2 进行第二次功率放大，推动扬声器发出声音。

（4）发射部分工作过程

话筒将声音信号转换为变化着的电信号，经过 R1、R2、C1 阻抗均衡后，由 V1 进行调制放大。C2、C3、C4、C5、L1 及 VT1 集电极与发射极间的结电容 Cce 构成一个 LC 振荡电路,在调频电路中,很小的电容变化也会引起很大的频率变化。当电信号变化时,相应的 Cce 也会有变化,这样频率就会有变化,就达到了调频的目的。经过 V1 调制放大的信号经过 C6 耦合至发射管 V2,通过 TX、C7 向外发射调频信号。

从图 6-1 可以看出该芯片各个引脚的功能:1 号脚为左输出,2 号脚为电源正极,3 号脚为右输出,4 号脚为电源负极,5 号脚为右输出(负),6 号脚为右输出(正),7 号脚为左输入(负),8 号脚为左输入。

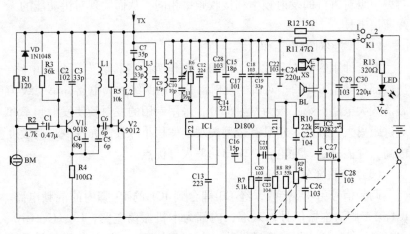

图 6-1　调频对讲机原理图

6.2　元　件　清　单

元件清单见表 6-1。

表 6-1　元件清单

序号	名　称	规格	数量	序号	名　称	规格	数量
01	R1	120Ω	1	06	R6	1K	1
02	R2	4.7K	1	07	R7	5.1K	1
03	R3	36K	1	08	R8	5.1K	1
04	R4	100Ω	1	09	R9	55Ω	1
05	R5	10K	1	10	R10	22K	1

续表 6-1

序号	名称	规格	数量	序号	名称	规格	数量
11	R11	47Ω	1	39	C25	104p	1
12	R12	15Ω	1	40	C26	103p	1
13	R13	330Ω	1	41	C27	10μ	1
14	RP	5K	1	42	C28	103p	1
15	C1	0.47μ	1	43	C29	103p	1
16	C2	102p	1	44	C30	220μ	1
17	C3	33p	1	45	L1	φ3\5T	1
18	C4	68p	1	46	L2	φ3\6T	1
19	C5	6p	1	47	L3	φ3\5T	1
20	C6	6p	1	48	L4	φ3\5T	1
21	C7	35p	1	49	V1	9018	1
22	C8	33p	1	50	V2	9012	1
23	C9	15p	1	51	LED	Φ3	1
24	C10	15p	1	52	电位器		1
25	C11	39p	1	53	话筒		1
26	C12	224p	1	54	IC1	1800	1
27	C13	223p	1	55	IC2	2822	1
28	C14	221p	1	56	开关 K		1
29	C15	18p	1	57	开关按钮 K1		1
30	C16	15p	1	58	大拨盘		1
31	C17	101p	1	59	小拨盘		1
32	C18	103p	1	60	电池正极片		1
33	C19	33p	1	61	电池负极片		1
34	C20	103p	1	62	正负极片		1
35	C21	103p	1	63	焊片		1
36	C22	103p	1	64	φ2.5×6 自动		4
37	C23	104p	1	65	φ2.5×8 自动		1
38	C24	220μ	1	66	φ2.5×4 螺杆		3

序号	名称	规格	数量	序号	名称	规格	数量
67	φ1.7×4 螺杆		1	72	喇叭	BL	1
68	10cm 长细线		3	73	拉杆天线		1
69	6cm 长细线		3	74	机壳		1
70	平行线		1	75	图纸		1
71	电路板		1				

6.3　安装及焊接注意的问题和技巧

（1）根据焊点的间距，将电阻的引脚折弯成形。根据焊接工艺要求将引脚焊接到电路板上，剪断剩余天线，距离板面约 1mm。

（2）电路板上 J1 为跳线，可以用剪下的多余的元件脚代替，TX 引线用粗软线连接。

（3）瓷片电容全部采用立式安装，高度不要太高，否则会最终影响装机。由于本电路工作频率较高，安装时请尽量紧贴线路板，以免高频衰减而造成对讲距离缩短。

（4）按钮开关 K1 外壳上端的脚要焊接起来，以保证 VD 的正极与地可靠地接触。焊接电阻时，要注意使电阻和电路板之间留有一定的间距，以保证电阻有一定的散热空间。

（5）为了防止集成电路被烫坏，套件中配备了集成电路插座，22 脚插座由一个 14 脚插座和一个 8 脚插座组成。

（6）安装发光二极管。注意发光二极管要安装在印刷电路板的覆铜面，高度要根据机壳上电源指示灯的孔来确定。

（7）由于集成电路容易受温度的影响，在安装时最好配有底座。

（8）扬声器的处理、检测。用万用表 R×1 挡，测量直流电阻，正常时比标称电阻稍小。对于灵敏度的检测，用万用表 R×1 挡，"咯咯"声较大，扬声器正常且灵敏度高。安装时，注意将导线焊接到"＋"、"－"的地方。

（9）话筒的处理、检验灵敏度：用万用表 R×1 挡，黑表笔接漏极 D，红表笔接地极。

（10）将扬声器和话筒用导线连接到电路板上，将天线与拉杆天线连接，并将拉杆天线固定到机壳上；用导线将电路板上电源与电池盒相连；用螺丝将电位器及调台旋钮的盖固定到电路板上。在电路连接的过程中，若是用两种不同颜色的线连接话筒的正负极和电源的正负极，更有利于装配。

6.4　调试方法

元件全部焊接好以后，须认真检查，通电测试：

（1）收音（接收）部分的调整。首先用万用表 100mA 的电流挡的正负表笔分别跨接在地和 K 的 GB 之间，这时的读数在 10 ~ 15mA 之间。打开开关 K，并将音量开至最大，再细调双联，这时收到了广播电台信号（若收不到广播电台信号，应检查是否有元件装错或者焊接错误，排除错误后再重新调试）。接着找到一部标准的调频收音机，分别在低端和高端收一个台，可调整 L4 的松紧来收到这两个台，这样可调好对讲机收音的频率覆盖。

（2）发射（对讲）部分的调整。首先将一台标准的调频收音机的频率指示在 100MHz 左右，然后将被调的发射部分的 K1 按下，并调节 L1 的松紧度，使标准收音机有啸叫声，如果对话筒说话，标准调频收音机能听到声音，那么对讲机的发射部分就调整好了。

（3）测试结果。用同样的方法调整另一台对讲机，然后对讲测试，自己设定对讲频率。在空旷的地方逐渐拉大对讲距离，对对讲性能测试记录。

图 6-2 为组装好的调频对讲机的实物图。

图 6-2　调频对讲机的实物图

项目 7　USB 花仙子音箱

7.1　工作原理

USB 花仙子音箱外形多彩时尚，体积小巧，便携性能出色；小音箱采用的是主音箱 + 副音箱的结构方式，USB 接口供电，2 喇叭单元设计，双声道 3D 音效技术，音质完美，特别适合笔记本电脑用户和电子爱好者装配使用。

如图 7-1 所示，通过音频线将 MP3、手机、电脑等设备的左、右两路音频信号输入到立体声盘式电位器的输入端，2 路音频信号再分别经过 C1、R2、C4、R3 耦合到功率放大集成电路 CS4863（见图7-2）的输入端 11、6 脚，U1（CS4863）为低电压 AB 类 2.2W 立体声音频功放 IC。U1 对音频功率放大后，由 12、14 脚输出左声道音频

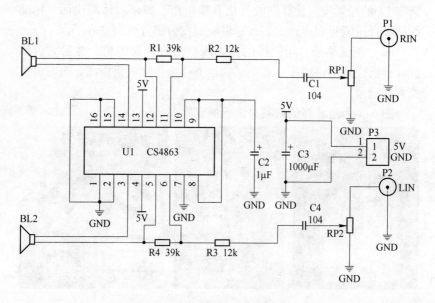

图 7-1　USB 花仙子音箱原理图

信号，3、5 脚输出右声道音频信号，然后推动两路扬声器工作。R1 和 R4 为反馈电阻。8、9 脚为中点电压（2.5V），C2 为中点电压滤波电容。C3 为电源滤波电容。

图 7-2　集成电路 CS4863 实物图

　　CS4863 是双桥接的音频功率放大器。当电源电压为 5V 时，在保证总谐波失真、噪声失真之和小于 1.0% 的情况下，可向 4Ω 负载提供 2.2W 的输出功率，或者可向 3Ω 负载提供 2.5W 的输出功率。另外，当驱动立体声耳机时，耳机输入端允许放大器工作在单端模式。该系列音频功率放大器为表面贴装电路，极少的外围元器件，高品质的输出功率。对于简单的音频系统设计，CS4863 片内集成了双桥扬声器放大和立体声耳机放大电路。CS4863 电路的特点为外部控制、低功耗关断模式、立体声耳机放大模式和内部过热保护，并且在电路中减少了"开机浪涌脉冲"。CS4863 主要应用于多媒体监视器、便携式和台式电脑、便携式电视。

　　管脚排列以及描述如表 7-1 所示。

表 7-1　管脚说明

CS4863N/R/S 管脚	说　明	输入/输出	功　能
1	SHUTDOWN	输入	关断端口，高电平关断
2，7，15	GND	地	接地端
3	OUTA +	输出	正向输入端 A
4，13	VDD	电源	电源端
5	OUTA –	输出	反向输入端 A
6	INA –/INA	输入	反向输入端 A
8	INA +	输入	正向输入端 A
9	INB +	输入	正向输入端 B
10	BYPASS	输入	电压基准端
11	INB –/INB	输入	反向输入端 B
12	OUTB –	输出	反向输出端 B
14	OUTB +	输出	耳机/立体模式选择
16	HP – IN	输入	

7.2　元 件 清 单

元件清单见表7-2。

表7-2　元件清单

序号	名　称	规　格	数量	备注
1	电阻 R1、R4	39K（393）	2 只	
2	电阻 R2、R3	12K（123）	2 只	
3	电解电容 C3	1000μF	1 只	
4	电解电容 C2	1μF	1 只	
5	电容 C1、C4	0.1μF（104）	2 只	
6	双联电位器 RP1	50K	1 只	
7	集成电路 U1	CS4863	1 只	
8	主音箱后盖		1 个	
9	附音箱后盖		1 个	
10	音箱前盖		2 个	
11	装饰板（上）		2 个	
12	装饰板（下）		2 个	
13	小螺丝	PA2×6	8 个	
14	带垫自攻螺丝	PWA2.6×7×8	10 只	
15	副音箱喇叭线		1 根	
16	喇叭 BL1、BL2	4Ω、3W	2 个	
17	输入及供电线		1 根	

7.3　安装及焊接

　　拿到套件后，首先认真阅读说明书，把所有元器件放到一个容器内，贴片电阻、IC 都很小，须防止丢失。用手拿电路板时请持边，不要持面，防止因手的灰尘使电路板氧化。电路板上标明了器件的标号，对照电路图识别元件参数，将对应的元器件按要求插装即可，可防止装错。

　　（1）安装 IC 底座。根据电路原理图和元器件的印刷电路图，先焊接贴片元件，再焊插装元件。贴片 IC 焊接时注意焊接时间不能过长，防止烫坏，防止短路。贴片 IC 上小圆点处为第一脚，注意与电路板上的图形缺口对应，防止方向焊反。

（2）安装电阻。根据焊点的间距，将电阻的引脚折弯成形。根据焊接工艺要求将引脚焊接到电路板上，剪断剩余天线，大约距离板面 1mm。

（3）安装电容器。根据电路板上的标注安装电容器，本电路中共有四个电容器，其中两个为电解电容。一般情况下，电解电容引脚长的一端为正极，引脚短的一端为负极。观察电解电容的外表，标有"－"的一端为负极。

（4）安装双联电位器。根据电路板上的标注安装双联电位器。

（5）电路板上 J1 为跳线，用电容的剪脚引线焊接。

（6）焊接电源线。将导线从电路板正面穿过，将导线头焊接到印刷电路板的覆铜面。

（7）组装外壳。

（8）固定电路板。副音箱喇叭线、音频输入线、USB 供电线均从主音箱后盖孔中穿出，然后才能焊接。USB 线内两根线红色为"＋"，黄色为"－"，音频输入线三根，颜色分别为绿、红、黄，按图 7-3 所示进行连接，线头要镀锡，然后焊接。

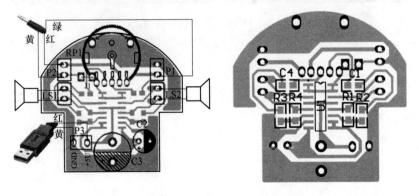

图 7-3　印刷电路板

（9）整机装配。电路板装入主音箱后盖卡槽中，由两颗带垫自攻螺丝卡住。喇叭也用带垫自攻螺丝固定。

7.4　调 试 方 法

（1）据安装图检查是否有漏装的元器件或连接导线。

（2）根据安装图或原理图检查电解电容的极性安装是否正确。

（3）在 IC 底座上安装集成电路 CS4863。

（4）在未安装外壳的情况下接通电脑，调试电位器，看有无杂音。

（5）确定双声道输出音质正常后，安装外壳以及电池板。在焊接未成功的情况下，仔细使用万用表检测电路有无短（断）路情况，以及检查各元器件正负极有无接反情况，同时注意有无虚焊。

图 7-4 为组装好的 USB 花仙子音箱的实物图。

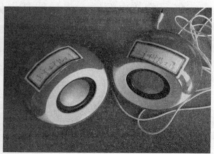

图 7-4　USB 花仙子音箱实物图

第2篇 电工类实训项目

项目8 家用照明电路

8.1 两地控制白炽灯电路

8.1.1 工作原理

在走廊或客厅处，有时需要在两个或以上的地点控制同一盏灯的开与关，其电路由熔断器、单刀双掷开关和白炽灯构成。其中熔断器是防止电流过大或发生短路时，能及时熔断熔体，达到保护电路和电源的目的。熔体熔断时间与流过的电流关系称为熔断器的保护特性，这是选择熔体的主要依据。单刀双掷开关是控制电路的通断情况，它有一个动触点和两个静触点，动触点与其中任何一个静触点接触，都可以接通电路。白炽灯是该电路的主要控制对象。

由图8-1可知，当接通220V交流电源，开关K1和K2同时接至1点或2点，电路中的电流通过HL，此时，HL发光。也就是说，只有K1和K2打到同一个方向，灯泡才能发光。例如，K1为A地，K2为B地，当要从A地到达B地时，将A地的开关拨至2端，此时电路接通了，到达B地后，再把K2的开关拨至1端，电路就断开了，

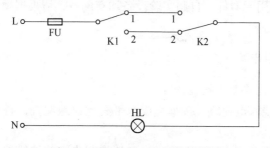

图8-1　两地控制一盏灯的原理图

这样就可以达到在两地控制一盏灯的效果。如果要从 B 地到达 A 地，同样的方法即可。

　　用单刀双掷开关在两地控制一盏灯电路参考原理图如图 8-2 和图 8-3 所示。

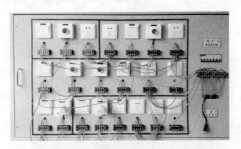

图 8-2　两地控制一盏客厅灯实际图

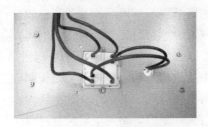

图 8-3　实际单刀双掷开关接线图

8.1.2　实验器材

　　辽宁科技大学自制实验设备 1 台，100W 白炽灯 6 只，导线及工具若干。

　　注：所用元器件、自制实验设备均有配备，请根据项目实际情况自行选用。

8.1.3　项目步骤

　　（1）参考图 8-1 接线：

　　1）接线时电缆线应按垂直或水平有规律地配置，备用芯长度应留有适当余量；

　　2）导线应严格按照图纸，正确地接到指定的接线端子排上，接线应排列整齐、清晰、美观，导线绝缘良好、无损伤，不得使所接的端子排受到机械力；

3）剥除绝缘层时，不得损坏线芯，线芯和绝缘层端面应整齐并尽可能垂直于线芯轴心线，线芯上不得有油污、残渣等；

4）自制 J 型接头，导线环形接头的绕圈方向应与接线柱螺母旋紧方向一致；

5）如遇见其他问题，可在附录 6 查找解答。

（2）接线完毕，经指导老师检查后，并在得到允许的情况下方可通电。

（3）接通电源后，在灯泡 HL 熄灭的情况下，拨动 K1，观察灯泡的工作情况，然后拨动 K2，观察灯泡的工作情况；此时，再重新拨动 K1，观察灯泡的工作情况，再拨动 K2，继续观察灯泡的工作情况。

（4）实验完毕后，断开单相电源开关（小型断路器 QS）及总电源开关，并拆除所有连线。

8.1.4　注意事项

（1）接线时应合理安排布线，保持走线美观，接线要求牢固、整齐、安全可靠（实习安全问题详见附录 5）。

（2）严禁在未断开电源时进行接线、拆线或改接线路。

（3）接线完毕后，要认真检查，确信无误后，经指导老师检查同意，方可接通电源。

（4）在电路通电的情况下，严禁接触电路中无绝缘的金属导线或连接点等导电部位。

（5）实验过程中，应随时注意仪器设备的运行情况，如发现有超量程、过热、异味、异声、冒烟、火花等，应立即断电，并请指导老师检查。

8.2　白炽灯的声光控开关电路（选做）

8.2.1　工作原理

声光控开关多用于走廊、楼道、地下室、车库等场所的自动照明，其中声控功能：只要拍一下手，电灯就自动亮起，或者用同样的方法关闭也可以；光控功能：利用手电筒等光源照一下电灯的光感应元件，使电灯无法在光亮的环境下亮起来。

整个电路的工作原理请参看本书项目 4。

8.2.2　实验器材

辽宁科技大学自制实验设备 1 台，100W 白炽灯 6 只，自制声光控开关 1 个，交流电压表 1 只，导线及工具若干。

注：所用元器件、自制实验设备均有配备，请根据项目实际情况自行选用。

8.2.3　项目步骤

（1）按照图 8-4 接线（图 8-5 为声光控开关电路原理图）。

图 8-4　白炽灯声光控开关电路

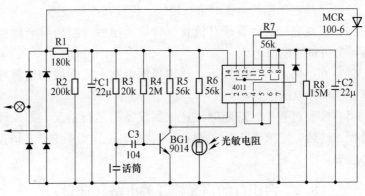

图 8-5　声光控开关电路原理图（参看项目 4）

1）接线时电缆线应按垂直或水平有规律地配置，备用芯长度应留有适当余量；

2）导线应严格按照图纸，正确地接到指定的接线端子排上；接线应排列整齐、清晰、美观，导线绝缘良好、无损伤，不得使所接的端子排受到机械力；

3）剥除绝缘层时，不得损坏线芯，线芯和绝缘层端面应整齐并尽可能垂直于线芯轴心线；线芯上不得有油污、残渣等；

4）自制 J 型接头，导线环形接头的绕圈方向应与接线柱螺母旋紧方向一致。

（2）接线完毕，经指导老师检查后，并在得到允许的情况下方可通电。

（3）通电后，可以使用声光控制灯泡的亮灭。

（4）实验完毕后，断开单相电源开关小型断路器 QS 及总电源开关，并拆除所有连线。

8.2.4　注意事项

（1）接线时应合理安排布线，保持走线美观，接线要求牢固、整齐、安全可靠。

（2）严禁在未断开电源时进行接线，拆线或改接线路。

（3）接线完毕后，要认真检查，确信无误后，经指导老师检查同意，方可接通电源。

（4）在电路通电的情况下，严禁接触电路中无绝缘的金属导线或连接点等导电部位。

（5）实验过程中，应随时注意仪器设备的运行情况，如发现有超量程、过热、异味、异声、冒烟、火花等，应立即断电，并请指导老师检查。

（6）要观察电器动作情况时，必须在断电的情况下小心地打开柜门面板，然后再接通电源进行操作和观察。

项目 9　室内电路的设计与安装

9.1　设计内容及目的

本项目针对一室一厅一卫的房间，进行室内电路的设计。具体内容如下：

（1）玄关及客厅各有一个双开双控开关，同时控制玄关及客厅处的灯（即玄关的双开双控开关可控制玄关和客厅的灯，客厅的双开双控开关可控制玄关及客厅的灯）；客厅还有一个 5 孔插座、一个网插，可供电视及电脑使用。

（2）卫生间有一个单开单控开关，可控制卫生间内的灯，同时有二个五孔插座，可供热水器及洗衣机等使用。

（3）厨房有一个单开单控开关，可控制厨房内的灯；同时有一个五孔插座，可供电饭煲等电器使用。

（4）餐厅有一个单开单控开关，可控制餐厅内的灯。

（5）卧室进门处及床头处各有一个单开双控开关，可同时控制卧室内的灯，同时有二个五孔插座及一个网插，可供电视及电脑使用。

通过本项目的实训，学生可以独立进行家装电路的设计，并且能自己动手安装开关插座以及布线。

9.2　要　　求

（1）完成用电设备的供电线路设计，并绘制出电路图。

（2）完成照明电路的设计，并绘制出电路图。

（3）完成各种线路的布线设计，并绘制出电路图。

（4）完成各类插座的设计、选型及安装。

9.3 设 计 要 求

对这个一室一厅一卫的房屋的电路设计图如图9-1和图9-2所示，选的导线为铜线（参见附录6），插座的数量应该按照已有设备数量的要求进行安装。灯泡是每个房间中的照明装置，插座和照明系统是同一条线路下面的两个子线路。每个子系统的电路上面都安装独

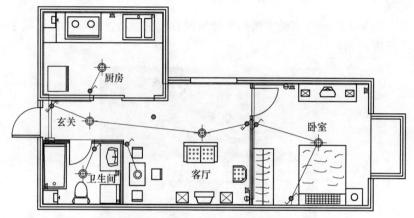

图9-1 一室一厅一卫的电路图

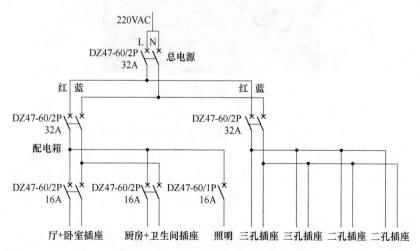

图9-2 一室一厅一卫的电路系统图

立的空气开关。空调、洗衣机、冰箱等大功率用电器都是安装专线，每条线的截面积是由公式计算得出的（选择的大小参见附录6）。按照目前的发展情况预计，图中对这个房屋电路的设计，主线用的截面积是 $10mm^2$ 的铜线，它的允许负荷是 12000W。厨房里面有冰箱，选用的是 $4mm^2$ 的铜线。卫生间里面放有洗衣机，选用的线也是 $4mm^2$ 的铜线，插座电路用的是 $2.5mm^2$ 的线，而照明电路用的是 $1.5mm^2$ 的线。

图 9-3 所示为实验室模拟实际情况自制的设备，供学生自己动手实际安装用。

图 9-3　实验室自制设备

另外，一般家庭中的信号线路有电话线和网线，这些线路不能和供电线路靠得太近，更不能和供电线路走在一起。信号线是传输信号的，而电线是传输能量的。电场和磁场之间有相互作用，这两种线路靠在一起，就会对它们各自传输的物质有一定的影响。

安装线路和设备时要仔细，一旦接错或者是接反就不能连通。其中网线由 EIA/TIA 的布线标准中规定了两种双绞线的线序 568A

与 568B，568A 的接法是：绿白、绿、橙白、蓝、蓝白、橙、棕白、棕；568B 的接法是：橙白、橙、绿白、蓝、蓝白、绿、棕白、棕。图 9-4 为网线接口和网线的实物图。电话线通常都是成对出现的，由于网线的普及化后，一般家庭直接使用网线代替电话线，那么，使用网线其中的一对接在电话接口处就可以了，具体接法同网线一样。

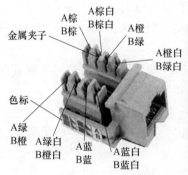

图 9-4 网线接口和网线

图 9-5 为实验设备上的信号线插口和连接方式。

图 9-5 信号线插口和连接方式

9.4 实 验 器 材

辽宁科技大学自制实验设备 1 台，导线、网线及工具若干。

9.5　项　目　步　骤

（1）认识各电器的结构、图形符号、接线方法。

（2）按照图9-1接线：

1）接线时电缆线应按垂直或水平有规律地配置，备用芯长度应留有适当余量；

2）导线应严格按照图纸，正确地接到指定的接线端子排上，接线应排列整齐、清晰、美观，导线绝缘良好、无损伤，不得使所接的端子排受到机械力；

3）剥除绝缘层时，不得损坏线芯，线芯和绝缘层端面应整齐并尽可能垂直于线芯轴心线，线芯上不得有油污、残渣等；

4）如遇见其他问题，可在附录6查找。

（3）接线完毕，经指导老师检查后，并在得到允许的情况下方可通电。

（4）通电后，使用开关试验每个房间的灯泡，检查是否连接正确，并且使用验电笔检验所有的插座是否有电。

（5）实验完毕后断开电源，断开单相电源开关（小型断路器QS）及总电源开关，并拆除所有连线。

9.6　注　意　事　项

（1）接线时应合理安排布线，保持走线美观，接线要求牢固、整齐、安全可靠（实习安全问题详见附录5）。

（2）严禁在未断开电源时进行接线、拆线或改接线路。

（3）接线完毕后，要认真检查，确信无误后，经指导老师检查同意，方可接通电源。

（4）在电路通电的情况下，严禁接触电路中无绝缘的金属导线或连接点等导电部位。

项目 10　三相异步电动机的启停控制电路

10.1　三相异步电动机自锁启停控制电路

10.1.1　工作原理

（1）继电-接触控制在各类生产机械中应用广泛。凡是需要进行前后、上下、左右、进退等运动的生产机械，均采用典型的正、反转继电-接触控制。交流电动机继电-接触控制电路的主要设备是交流接触器。

（2）在控制回路中，常采用中间继电器（或接触器的辅助触头）来实现自锁和互锁控制，要求接触器线圈得电后能自动保持动作后的状态，这就是自锁。通常用接触器自身的动合触头与启动按钮并联来实现，以达到电动机的长期运行。这一动合触头称为"自锁触头"。使两个电器不能同时得电动作的控制，称为互锁控制。如为了避免正反转两个接触器同时得电而造成三相电源短路事故，必须增设互锁控制环节。

（3）控制按钮通常用于短时通、断小电流的控制回路，以实现近、远距离控制电动机等执行部件的启、停或正、反转控制。按钮是专供人工操作使用的。对于复合按钮，其触点的动作规律是：当按下时，其动断触头先断，动合触头后合；当松手时，则动合触头先断，动断触头后合。

（4）在电动机运行过程中，应对可能出现的故障采取保护性措施。

采用热继电器实现过载保护，可使电动机免受过载之危害，其主要的技术指标是整定电流值，即电流超过此值的 20% 时，其动断触头应能在一定的时间内断开，切断控制回路。动作后只能由人工进行复位。

（5）在电气控制线路（图 10-1）中，最常见的故障发生在接触器上。接触器线圈的电压等级通常有 220V 和 380V 等，使用时必须认清，切勿疏忽。否则，电压过高易烧坏线圈；电压过低，吸力不够，不易吸合或吸合频繁，这不但会产生很大的噪声，也因磁路气隙增大，致使电流过大，也易烧坏线圈。此外，在接触器铁心的部分端面上嵌有短路铜环，其作用是为了使铁心吸合牢靠，消除颤动与噪声。若出现短路环脱落或断裂现象，接触器将会产生很大的震动与噪声。

（6）指示灯。HL1 为电机动运转指示灯，通过交流接触器 KM 的辅助常开触点控制；HL2 为电动机停止指示灯，通过交流接触器 KM 的辅助常闭触点控制。

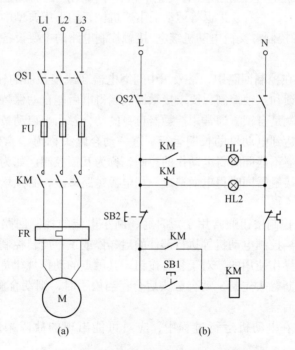

图 10-1　三相异步电动机自锁控制电路参考原理图

（a）主回路原理图；（b）控制回路原理图

10. 1. 2　实训器材

实验室自制电机控制柜 1 台（图 10-2），控制面板 1 个，三相鼠

图 10-2 实验室自制电机控制柜实际图

笼式异步电动机 1 台，交流接触器 3 个，热过载继电器 1 个，中间继电器 2 个，按钮开关 4 个，指示灯 4 个，小型三相断路器 1 个，小型两相断路器 1 个，连接导线及相关工具若干。

10.1.3 实训步骤

认识各电器的结构、图形符号、接线方法；抄录电动机及各电器铭牌数据；用万用电表欧姆挡检查各电器线圈、触头是否完好。

三相鼠笼式异步电动机接成丫形接法；实验主回路电源接小型三相断路器输出端 L1、L2、L3，供电线电压为 380V；二次控制回路电源接小型二相断路器 L、N，供电电压为 220V。

参考图 10-1 所示自锁线路进行接线，它与点动控制电路的不同之处在于控制电路中多串联一只常闭按钮 SB2；同时在 SB1 上并联一只接触器 KM 的常开触头，起自锁作用。

接好线路经指导教师检查后，方可进行通电操作。

（1）合上电源控制屏上的电源总开关，并按下电源启动按钮。

（2）合上小型断路器 QS1、QS2，启动主回路和控制回路的电源。

（3）按下启动按钮 SB1，松手后观察电动机 M 是否继续运转及指示灯工作情况。

（4）按下停止按钮 SB2，松手后观察电动机 M 是否停止运转及指示灯工作情况。

（5）按下控制屏停止按钮，切断实验线路三相电源，拆除控制回路中自锁触头 KM，再接通三相电源，启动电动机，观察电动机及接触器的运转情况。从而验证自锁触头的作用。

（6）实验完毕，按下电源停止按钮，切断实验线路的三相交流电源，拆除线路。

10.1.4　注意事项

（1）接线时合理安排布线，保持走线美观，接线要求牢靠，整齐、清楚、安全可靠。

（2）操作时要胆大、心细、谨慎，不许用手触及各电器元件的导电部分及电动机的转动部分，以免触电及意外损伤。

（3）只有在断电的情况下，方可用万用电表 Ω 挡来检查线路的接线正确与否。

（4）在观察电器动作情况时，绝对不能用手触摸元器件。

（5）在主线路接线时，一定要注意各相之间的连线不能弄混淆，不然会导致相间短路。

10.2　三相异步电动机丫/△启停控制电路

10.2.1　工作原理

三相异步电动机启动时，旋转磁场以最大相对转速切割转子导体，在转子中产生的感应电动势很高，所以转子电流极大。反映到一次侧，定子电流可达额定电流的 4～7 倍。启动电流大会造成电网电压的波动，影响接在同一电网中的其他用电设备的正常工作。频繁启动的电动机会因启动电流的频繁冲击，使电动机发热。因此，对于较大容量的电动机，必须设法降低启动电流。Y/△变换启动就是一种常用的启动方法，Y/△变换启动只适用于电动机正常运行时为三角形联结的电动机。

当按下启动按钮 SB1 时，KM0 得电，其常开触点闭合；KMY 得电，常闭触点断开，电动机绕组接成"Y形"接法降压启动。当转速到达或接近额定转速时，按下 SB2 按钮，使 KMY 失电释放，KM△得电吸合，电动机由"Y形"接法转换成"△形"接法。三相异步电动机Y/△启动手动控制主回路参考原理图如图 10-3（a）所示，控制回路参考原理图如图 10-3（b）所示。

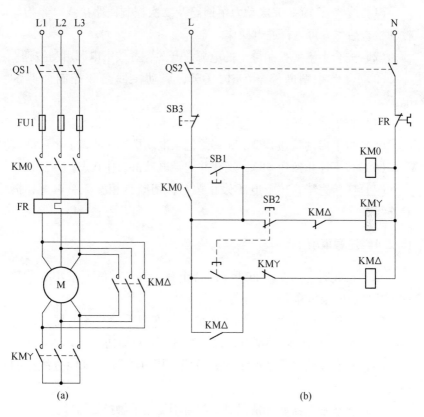

(a)　　　　　　　　　　　　(b)

图 10-3 三相异步电动机手动Y/△启动控制电路参考原理图
（a）主回路原理图；（b）控制回路原理图

10.2.2　项目器材

实验室自制电气控制柜 1 台，控制面板 1 个，三相鼠笼式异步电动机 1 台，交流接触器 3 个，热过载继电器 1 个，中间继电器 2 个，按钮开关 4 个，指示灯 4 个，小型三相断路器 1 个，小型两相断路器 1 个，连接导线及相关工具若干。各种元件说明以及安装说明参照附录 7。

10.2.3　项目步骤

（1）参考图 10-3 完成动力主回路及二次控制回路接线，经指导教师检查后，方可进行通电操作。

（2）先合上电源控制屏上的电源总开关，并按下电源启动按钮。

（3）合上小型断路器 QS1、QS2，启动主回路和控制回路的电源。

（4）按下启动按钮 SB1，观察并记录电动机工作状态。

（5）按下启动按钮 SB2，观察并记录电动机工作状态。

（6）按下停止按钮 SB3，观察并记录电动机工作状态。

（7）实验完毕，按下电源停止按钮，切断三相交流总电源，拆除连线。

10.2.4　注意事项

（1）接线时合理安排布线，保持走线美观，接线要求牢靠、整齐、清楚、安全可靠。

（2）操作时要胆大、心细、谨慎，不许用手触及各电器元件的导电部分及电动机的转动部分，以免触电及意外损伤。

（3）只有在断电的情况下，方可用万用电表 Ω 挡来检查线路的接线正确与否。

（4）在观察电器动作情况时，绝对不能用手触摸元器件。

（5）在主线路接线时一定要注意各相之间的连线不能弄混淆，不然会导致相间短路。

10.3　三相异步电动机的正反转启停控制电路

10.3.1　工作原理

前面介绍的几种电动机的控制电路都是有关电动机单一旋转方向的控制电路，但在生产实践中，经常需要电动机能正反转。例如，机床工作台的前进和后退，摇臂钻床摇臂的上升和下降，起重机吊钩的上升和下降等。控制电动机的正反转，可用改变输入三相电源相序的方法来实现。

在三相鼠笼式异步电动机正反转控制线路中，HL1 为电动机正转指示灯，HL2 为电动机反转指示灯，HL3 为停止指示灯。通过交流接触器的交替动作而控制电动机的供电相序从而实现控制正反转。为了避免接触器 KM1（正转）、KM2（反转）同时得电吸合造成三相电源短路，在 KM1（KM2）线圈支路中串接有 KM2（KM1）动断触头，他们保证了线路工作时 KM1、KM2 不会同时得电，以达到电气互锁的目的。

当然也有利用电气和机械双重联锁来控制电动机的正反转。除电气互锁外，可再采用复合按钮 SB1 与 SB2 组成的机械互锁环节，以求线路工作更加可靠。图 10-5 是双重联锁控制三相异步电动机正反转的控制参考原理图。

（1）接触器互锁控制三相异步电动机正反转的主回路参考原理如图 10-4（a）所示。

（2）接触器互锁控制三相异步电动机正反转的控制回路参考原理如图 10-4（b）所示。

10.3.2　项目器材

实验室自制电机控制柜 1 台，控制面板 1 个，三相鼠笼式异步电动机 1 台，交流接触器 3 个，热过载继电器 1 个，中间继电器 2 个，按钮开关 4 个，指示灯 4 个，小型三相断路器 1 个，小型两相断路器 1 个，连接导线及相关工具若干。各种元件说明以及安装说明参照附录 7。

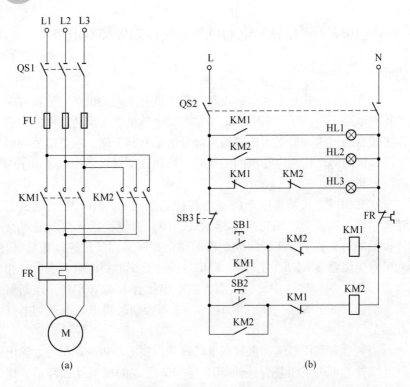

图 10-4　接触器互锁控制三相异步电动机正反转电路参考原理图

（a）主回路原理图；（b）控制回路原理图

10.3.3　项目步骤

　　参考图 10-4 或图 10-5 安装接线。接线时，先接动力主回路，它是从 380V 三相交流电源小型断路器 QS1 的输出端 L1、L2、L3 开始，经熔断器 FU、交流接触器 KM 的主触头，热继电器 FR 的热元件到电动机 M 的三个线端 U、V、W 的电路，用导线按顺序串联起来。主电路连接完整无误后，再连接二次控制回路。它是从 220V 单相交流电源小型断路器 QS2 输出端 L 开始，经过按钮 SB3、接触器 KM 的线圈、热继电器 FR 的常闭触头到单相交流电源另一输出端 N。显然，它是对接触器 KM 线圈供电的线路。另外 HL1、HL2、HL3 为启动、停止指示灯，分别受交流接触器 KM 的辅助常开、常闭触点控制。

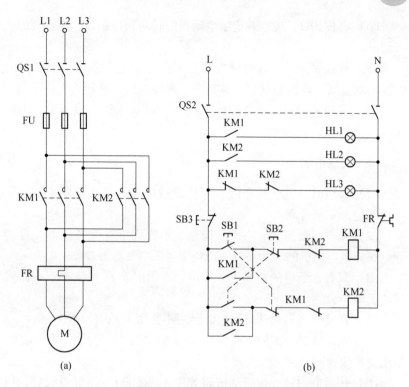

图 10-5   电气和机械双重联锁控制三相异步电动机正反转电路参考原理图

（a）主回路原理图；（b）控制回路原理图

完成动力主回路及二次控制回路接线，经指导教师检查后，方可进行通电操作：

（1）先合上电源控制屏上的电源总开关，并按下电源启动按钮。

（2）合上小型断路器 QS1、QS2，启动主回路和控制回路的电源。

（3）按正向启动按钮 SB1，观察并记录电动机的转向和接触器、指示灯的运行状况。

（4）按反向启动按钮 SB2，观察并记录电动机的转向和接触器、指示灯的运行状况。

（5）按停止按钮 SB3，观察并记录电动机的转向和接触器、指示灯的运行状况。

（6）再按 SB2，观察并记录电动机的转向和接触器、指示灯的运行情况。

（7）过载保护。打开热继电器的后盖，当电动机启动后，人为的拨动双金属片模拟电动机过载情况，观察电机、电器动作情况。

（8）实验完毕，按下电源停止按钮，切断三相交流电源，拆除连线。

10.3.4　注意事项

（1）接线时合理安排布线，保持走线美观，接线要求牢靠、整齐、清楚，安全可靠。

（2）操作时要胆大、心细、谨慎，不许用手触及各电器元件的导电部分及电动机的转动部分，以免发生触电及意外损伤。

（3）只有在断电的情况下，方可用万用电表 Ω 挡来检查线路接线的正确与否。

（4）在观察电器动作情况时，绝对不能用手触摸元器件。

（5）在主线路接线时，一定要注意各相之间的连线不能弄混淆，不然会导致相间短路。

（6）接通电源后，按启动按钮 SB1（或 SB2），接触器吸合，但电动机不转，且发出"嗡嗡"声响，或电动机能启动，但转速很慢，这种故障来自主回路，大多是一相断线或电源缺相。

（7）接通电源后，按启动按钮 SB1（或 SB2），若接触器通断频繁，且发出连续的噼啪声或吸合不牢，发出颤动声，原因可能是：

1）线路接错，将接触器线圈与自身的动断触头串在一条回路上了；

2）自锁触头接触不良，时通时断；

3）接触器铁心上的短路环脱落或断裂；

4）电源电压过低，或与接触器线圈电压等级不匹配。

附　　录

附录1　元器件综合知识

1.1　电　阻　器

1.1.1　电阻器的作用

电阻值表示导体对电流阻碍作用的大小。电阻的作用为：

（1）限流。例如，在可调光台灯的电路中，为了控制灯泡的亮度，也可在电路中接入一个限流电阻，通过调节接入电阻的大小，来控制电路中电流的大小，从而控制灯泡的亮度。

（2）分流。例如，在电压表测电阻的实验设计中，可利用分流电阻 R 与待测电阻并联，借助于电流表测干路电流和分流电阻 R 中的电流，利用并联分流公式，可求出待测电阻的阻值。

（3）分压。例如当接入合适的分压电阻后，额定电压为 3V 的电灯便可接入电压为 12V 的电源上。

1.1.2　电阻器的分类

1.1.2.1　固定电阻器

常用的固定电阻都是使用色环标注的碳膜电阻，很少有电阻直接标注出阻值的。因此，在实际应用中，必须会识别色环标注的电阻的阻值。色环电阻实物如附图 1-1 所示。

附图 1-1　电阻

色环电阻上不同颜色的色环与数字之间的对应关系为：黑：0；棕：1；红：2；橙：3；黄：4；绿：5；蓝：6；紫：7；灰：8；白：9；金：5%；银：10%。色环电阻又可分为四环电阻和五环电阻。四环电阻上有四条色环，四条色环中有一条金色或者银色的环，这是表示电阻精度的。因此在读数时应该从另一端开始读。另外，对于四环电阻来说，它只有 2 个有效数字，对应电阻上的前两条色环。第三条色环对应的数字表示倍率，用 10 的幂的形式表示。例如，某色环电阻上的色环标记为：棕黑红金，那么该电阻的阻值就是 $10 \times 10^2 = 1k\Omega$，误差精度为 5%。五环电阻有五条色环，其中的三条是有效数字，一条是倍率，还有一条表示精度。它有 4 个精度，分别为 1%（棕）、2%（红）、5%（金）和 10%（银）。如果五环电阻的精度为 1% 或 2%，而阻值的第一个有效数字也是 1 或 2 时，就不太好确定电阻的读数开始位置了。这时就要仔细观察两边最外面的色环，表示精度的色环通常标记得较粗一些，并且环之间的距离也稍远一些。确定了哪边是精度，哪边是有效数字之后，就可以按照读四环电阻的方法读数。例如，某色环电阻上面的色环标记为：棕黄黑红棕，那么该电阻值为：$140 \times 10^2 = 14k\Omega$，误差精度为：1%。

1.1.2.2　电位器

电位器是一种阻值在一定范围内可以调节的电阻器，电位器的实物图如附图 1-2 所示。

这种电位器常用在收音机中作为开关与音量调节旋钮。电位器一般会将标称值标注在元件上。附图 1-2 的电位器可以用下面的附图 1-3 表示。4、5 之间的开关控制开闭，1、2、3 之间通过不同的接线方法起到电阻调节的作用。

附图 1-2　电位器

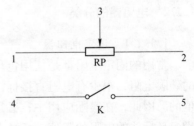

附图 1-3　电位器原理图

1.2　电　容　器

1.2.1　电容器的作用及分类

电容为表示电容器容纳电荷本领的物理量。电容器的基本作用就是充电与放电，有如下种类：耦合电容、滤波电容、退耦电容、高频消振电容、谐振电容、旁路电容、中和电容、定时电容、积分电容、微分电容、补偿电容、自举电容、分频电容和负载电容等。

1.2.2　电容主要特性参数

（1）标称电容量，为标志在电容器上的电容量。但电容器实际电容量与标称电容量是有偏差的，精度等级与允许误差有对应关系。一般电容器常用Ⅰ、Ⅱ、Ⅲ级，电解电容器用Ⅳ、Ⅴ、Ⅵ级表示容量精度，根据用途选取。电解电容器的容值，取决于在交流电压下工作时所呈现的阻抗，随着工作频率、温度、电压以及测量方法的变化，容值会随之变化。电容量的单位为 F（法）。

（2）额定电压，为在最低环境温度和额定环境温度下可连续加在电容器的最高直流电压。如果工作电压超过电容器的耐压，电容器将被击穿，造成损坏。在实际中，随着温度的升高，耐压值将会变低。

（3）绝缘电阻。直流电压加在电容上，产生漏电电流，两者之比称为绝缘电阻。当电容较小时，其值主要取决于电容的表面状态；容量大于 $0.1\mu F$ 时，其值主要取决于介质。通常情况，绝缘电阻越大越好。

（4）损耗。电容在电场作用下，在单位时间内因发热所消耗的能量称做损耗。损耗与频率范围、介质、电导、电容金属部分的电阻等有关。

（5）频率特性。随着频率的上升，一般电容器的电容量呈现下降的规律。当电容工作在谐振频率以下时，表现为容性；当超过其谐振频率，表现为感性，此时就不是一个电容而是一个电感了。所以一定要避免电容工作于谐振频率以上。

1.2.3　电容器选择常用的几个参数

（1）温度系数，也就是电容值随温度变化的范围。

（2）损耗因数，因为电容器的泄漏电阻、等效串联电阻和等效串联电感，这三项指标几乎总是很难分开，所以许多电容器制造厂家将它们合并成一项指标，称作损耗因数，主要用来描述电容器的无效程度。损耗因数定义为电容器每周期损耗能量与储存能量之比，又称为损耗角正切。

（3）Q 值，又称为品质因数，是损耗因数的倒数。一般电容的手册中会标注 Q 或损耗因数。

（4）介电常数 K。电容的不同主要是填充介质的不同，介电常数的大小关系电容的体积和介质吸收不同，介电常数大，在较小的体积上就可以集成很大的容量，但介质吸收就很严重。

1.3　电　感　器

1.3.1　电感器的作用

电感器的作用。电感是电子电路或装置的属性之一，指的是当电流改变时，因电磁感应而产生抵抗电流改变的电动势。在电子线路中，电感线圈对交流有限流作用，它与电阻器或电容器能组成高通或低通滤波器、移相电路及谐振电路等。

1.3.2　电感器的分类

（1）按结构，分为线绕式电感器和非线绕式电感器（多层片状、印刷电感等），还可分为固定式电感器和可调式电感器。

（2）按贴装方式，分为贴片式电感器和插件式电感器。同时，对电感器有外部屏蔽的称为屏蔽电感器，线圈裸露的一般称为非屏蔽电感器。固定式电感器又分为空心电感器、磁心电感器、铁心电感器等。

（3）按其结构外形和引脚方式分为立式同向引脚电感器、卧式轴向引脚电感器、大中型电感器、小巧玲珑型电感器和片状电感器等。可调式电感器又分为磁心可调电感器、铜心可调电感器、滑动接点可调电感器、串联互感可调电感器和多抽头可调电感器。

（4）按工作频率，分为高频电感器、中频电感器和低频电感器。空心电感器、磁心电感器和铜心电感器一般为中频或高频电感器，而铁心电感器多为低频电感器。

（5）按用途，分为振荡电感器、校正电感器、显像管偏转电感器、阻流电感器、滤波电感器、隔离电感器、补偿电感器等。振荡电感器又分为电视机行振荡线圈、东西枕形校正线圈等。显像管偏转电感器分为行偏转线圈和场偏转线圈。阻流电感器（也称阻流圈）分为高频阻流圈、低频阻流圈、电子镇流器用阻流圈、电视机行频阻流圈和电视机场频阻流圈等。滤波电感器分为电源（工频）滤波电感器和高频滤波电感器等。

1.3.3　电感器的主要参数

电感器的主要参数有：

（1）电感量。反应电感储存磁场能的本领，它的大小与电感线圈的匝数、几何尺寸、有无磁心（铁心）、磁心的磁导率有关。在同等条件下，匝数多电感量大，直径大电感量大，有磁心比没磁心电感量大。用于高频电路的电感量相对较小，用于低频电路的电感量相对较大。电感量的单位为亨（H）。

（2）品质因数（优值）。电感线圈中储存能量与消耗能量的比值称为品质因数。又称 Q 值。电感器的 Q 值一般为 $50 \sim 300$。Q 值越高，电路的损耗越小。

（3）额定电流。电感器长期工作不损坏所允许通过的最大电流。它是高频、低频扼流线圈和大功率谐振线圈的重要参数。

（4）分布电容。指线圈匝与匝之间形成的电容，它降低了线圈的品质因数。

1.4　二　极　管

1.4.1　二极管的作用及分类

1.4.1.1　根据构造分类

半导体二极管主要是依靠 PN 结而工作的。与 PN 结不可分割的点接触型和肖特基型，也被列入一般的二极管的范围内。包括这两种型号在内，根据 PN 结构造面的特点，把晶体二极管分类如下：点接触型二极管、键型二极管、合金型二极管、扩散型二极管、台面型二极管、平面型二极管、合金扩散型二极管、外延型二极管、肖特基二极管等。

1.4.1.2　根据用途分类

根据用途二极管可分为：检波用二极管、整流用二极管、限幅用二极管、调制用二极管、混频用二极管、放大用二极管、开关用二极管、变容二极管、频率倍增用二极管、稳压二极管、PIN 型二极管、雪崩二极管、江崎二极管、快速关断（阶跃恢复）二极管、肖特基二极管、阻尼二极管、瞬变电压抑制二极管、双基极二极管（单结晶体管）、发光二极管等。

1.4.1.3　根据特性分类

点接触型二极管，按正向和反向特性分类有：

（1）一般用点接触型二极管。通常用于检波和整流电路中，是正向和反向特性既不特别好，也不特别坏的中间产品。如：SD34、SD46、1N34A 等属于这一类。

（2）高反向耐压点接触型二极管。是最大峰值反向电压和最大直流反向电压很高的产品。使用于高压电路的检波和整流。这种型号的二极管一般正向特性不太好或一般。在点接触型锗二极管中，有SD38、1N38A、OA81 等。这种锗材料二极管，其耐压受到限制。要求更高时有硅合金和扩散型。

（3）高反向电阻点接触型二极管。正向电压特性和一般用二极管相同。虽然其反方向耐压也是特别地高，但反向电流小，因此其特长是反向电阻高。使用于高输入电阻的电路和高阻负荷电阻的电路中，就锗材料高反向电阻型二极管而言，SD54、1N54A 等属于这类二极管。

（4）高传导点接触型二极管。它与高反向电阻型相反。其反向特性尽管很差，但使正向电阻变得足够小。对高传导点接触型二极管而言，有 SD56、1N56A 等。对高传导键型二极管而言，能够得到更优良的特性。这类二极管，在负荷电阻特别低的情况下，整流效率较高。

1.4.2 二极管的主要参数

（1）额定正向工作电流。额定正向工作电流是指二极管长期连续工作时允许通过的最大正向电流值。因为电流通过二极管会使管芯发热，温度上升，温度超过容许限度，就会使管芯过热而损坏，所以二极管使用中不能超过规定的工作电流值。硅管容许温度约为140℃，锗管约为90℃。常用的 IN4001 的额定正向工作电流为 1A。

（2）最大浪涌电流。最大浪涌电流是指允许流过的过量正向电流，它不是正常电流，而是瞬间电流。其值通常是额定正向工作电流的 20 倍左右。

（3）最高反向工作电压。加在二极管两端的反向工作电压高到一定值时，管子将会击穿，失去单向导电能力。为了保证使用安全，规定了最高反向工作电值。例如，IN4001 二极管反向耐压为 50V，IN4007 的反向耐压为 1000V。

（4）反向电流。反向电流是指二极管在规定的温度和最高反向电压作用下，流过二极管的反向电流。反向电流越小，管子的单方向导电性能越好。反向电流与温度密切相关，大约温度每升高 10℃，反向电流增大一倍。例如 2API 型锗二极管，在 25℃时，反向电流为 250μA；温度升高到 35℃，反向电流将上升到 500μA；在 75℃时，它的反向电流已达 8mA，不仅失去了单方向导电特性，还会使管子过热而损坏。相比锗二极管，硅二极管在高温下具有较好的稳定性。

（5）反向恢复时间。从正向电压变成反向电压时，电流一般不能瞬时截止，要延迟一点点时间。这个时间就是反向恢复时间，它直接影响二极管的开关速度。

（6）最大功率。最大功率就是加在二极管两端的电压乘以流过的电流。这个极限参数对稳压二极管等特别有用。

1.5 三 极 管

1.5.1 三极管的作用

三极管的主要作用是电流放大。以共发射极接法为例（信号从基极输入，从集电极输出，发射极接地），当基极电压 U_B 有一个微小的变化时，基极电流 I_B 也会随之有一小的变化，受基极电流 I_B 的控制，集电极电流 I_C 会有一个很大的变化，基极电流 I_B 越大，集电极电流 I_C 也越大；反之，基极电流越小，集电极电流也越小，即基极电流控制集电极电流的变化。但是集电极电流的变化比基极电流的变化大得多。这就是三极管的放大作用。I_C 的变化量与 I_B 变化量之比称做三极管的放大倍数 β（$\beta = \Delta I_C / \Delta I_B$，$\Delta$ 表示变化量。），三极管的放大倍数 β 一般在几十到几百倍。

1.5.2　三极管的分类

（1）按材料分类，三极管按材料可分为硅三极管、锗三极管。

（2）按导电类型分类，三极管按导电类型可分为 PNP 型和 NPN型。锗三极管多为 PNP 型，硅三极管多为 NPN 型。

（3）按工作频率，分为高频（$f > 3\mathrm{MHz}$）、低频（$f < 3\mathrm{MHz}$）和开关三极管。

（4）按功率，分为大功率（$P_c > 1\mathrm{W}$）、中功率（P_c 在 0.5 ~ 1W）和小功率（$P_c < 0.5\mathrm{W}$）三极管。

1.5.3　三极管的主要参数

（1）电流放大系数。对于三极管的电流分配规律 $I_e = I_b + I_c$，由于基极电流 I_b 的变化，使集电极电流 I_c 发生更大的变化，即基极电流 I_b 的微小变化控制了集电极电流较大，这就是三极管的电流放大原理。即 $\beta = \Delta I_c / \Delta I_b$。

（2）极间反向电流。集电极与基极间的反向饱和电流。

（3）极限参数：反向击穿电压，集电极最大允许电流，集电极最大允许功率损耗。

附录 2 数字万用表的使用

2.1 万用表测电阻

（1）测量步骤

①先将红表笔插入 VΩ 孔，黑表笔插入 COM 孔；

②量程旋钮打到"Ω"量程挡适当位置；

③分别用红黑表笔接到电阻两端金属部分；

④读出显示屏上显示的数据。

（2）注意事项

①量程的选择和转换。量程选小了显示屏上会显示"1"此时应换用较之大的量程；反之，量程选大了的话，显示屏上会显示一个接近于"0"的数，此时应换用较之小的量程。

②如何读数？显示屏上显示的数字再加上边挡位选择的单位就是它的读数。需要提醒的是：在"200"挡时单位是"Ω"，在"2k ~ 200k"挡时单位是"kΩ"，在"2M ~ 2000M"挡时单位是"M"。

③如果被测电阻值超出所选择量程的最大值，将显示过量程"1"，则应选择更高的量程。对于大于 1MΩ 或更高的电阻，要待数秒钟后读数才能稳定，这是正常的。

④当没有连接好时，例如开路情况，仪表显示为"1"。

⑤当检查被测线路的阻抗时，要保证移开被测线路中的所有电源，所有电容放电。被测线路中如有电源和储能元件，会影响线路阻抗测试的正确性。

⑥万用表的 200MΩ 挡位，短路时有 1 个字。测量一个电阻时，应从测量读数中减去这 1 个字。例如，测一个电阻时，显示为 101.0，应从 101.0 中减去 1 个字，被测元件的实际阻值为 100.0，即 100MΩ。

参见附图 2-1。

附图 2-1　用万用表测电阻

2.2　万用表测电压

2.2.1　直流电压的测量

（1）测量步骤

①红表笔插入 VΩ 孔；

②黑表笔插入 COM 孔；

③量程旋钮打到 V－适当位置；

④读出显示屏上显示的数据。

（2）注意事项

①把旋钮旋至比估计值大的量程挡（注意：直流挡是 V－，交流挡是 V~），接着把表笔接电源或电池两端，保持接触稳定。数值可以直接从显示屏上读取。

②若显示为"1."，则表明量程太小，那么就要加大量程后再测量。

③若在数值左边出现"－"，则表明表笔极性与实际电源极性相反，此时红表笔接的是负极。

附图 2-2　用万用表测直流电压

参见附图 2-2。

2.2.2　交流电压的测量

（1）测量步骤

①红表笔插入 VΩ 孔；

②黑表笔插入 COM 孔；

③量程旋钮打到 V～适当位置；

④读出显示屏上显示的数据。

（2）注意事项

①表笔插孔与直流电压的测量一样，不过应该将旋钮打到交流挡"V～"处所需的量程即可。

②交流电压无正负之分，测量方法跟前面相同。

③无论是测交流还是直流电压，都要注意人身安全，不要随便用手触摸表笔的金属部分。

参见附图 2-3。

附图 2-3　用万用表
测交流电压

2.3　万用表测电流

2.3.1　直流电流的测量

（1）测量步骤

①断开电路；

②黑表笔插入 COM 端口，红表笔插入 mA 或者 20A 端口；

③功能旋转开关打至 A－（直流），并选择合适的量程；

④断开被测线路，将数字万用表串联入被测线路中，被测线路中电流从一端流入红表笔，经万用表黑表笔流出，再流入被测线路中；

⑤接通电路；

⑥读出 LCD 显示屏数字（附图 2-4）。

（2）注意事项

①估计电路中电流的大小。若测量大于200mA 的电流，则需将红表笔插入"10A"插孔并将旋钮打到直流"10A"挡；若测量小于 200mA 的电流，则需将红表笔插入"200mA"插孔，将旋钮打到直流 200mA 以内的合适量程。

附图 2-4　测电流

②将万用表串进电路中，保持稳定，即可读数。若显示为"1."，那么就要加大量程；如果在数值左边出现"－"，则表明电流从黑表笔流进万用表。

2.3.2　交流电流的测量

（1）测量步骤

①断开电路；

②黑表笔插入 COM 端口，红表笔插入 mA 或者 20A 端口；

③功能旋转开关打至 A～（交流），并选择合适的量程；

④断开被测线路，将数字万用表串联入被测线路中，被测线路中电流从一端流入红表笔，经万用表黑表笔流出，再流入被测线路中；

⑤接通电路；

⑥读出 LCD 显示屏上的数字。

（2）注意事项

①测量方法与直流相同，不过挡位应该打到交流挡位；

②电流测量完毕，应将红笔插回"VΩ"孔，若忘记这一步而直接测电压，否则，你的表或电源会报废；

③如果使用前不知道被测电流范围，将功能开关置于最大量程并视结果逐渐下降；

④如果显示器只显示"1"，表示过量程，功能开关应置于更高量程；

⑤表示最大输入电流为 200mA，过量的电流将烧坏保险丝，应予更换。20A 量程无保险丝保护，测量时不能超过 15 秒。

2.4　万用表测电容

（1）测量步骤

①将电容两端短接，对电容进行放电，确保数字万用表的安全；

②将功能旋转开关打至电容"F"测量挡，并选择合适的量程；

③将电容插入万用表 CX 插孔；

④读出 LCD 显示屏上数字（附图 2-5）。

（2）注意事项

①测量前电容需要放电，否则容易损坏万用表；

②测量后也要放电，避免埋下安全隐患；

③仪器本身已对电容挡设置了保护，故在电容测试过程中，不用考虑极性及电容充放电等情况；

④测量电容时，将电容插入专用的电容测试座中（不要插入表笔插孔 COM、V/Ω）；

⑤测量大电容时，稳定读数需要一定的时间；

附图 2-5　测电容

⑥电容的单位换算：$1\mu F = 10^6 pF$；$1\mu F = 10^3 nF$。

2.5　万用表测二极管

（1）测量步骤

①红表笔插入 VΩ 孔，黑表笔插入 COM 孔；

②转盘打在（—▷|—）挡；

③判断正负；

④红表笔接二极管正，黑表笔接二极管负；

⑤读出 LCD 显示屏上数据（附图 2-6）；

⑥两表笔换位，若显示屏上为"1"，正常；否则，此管被击穿。

（2）注意事项

①二极管正负好坏判断。红表笔插入 VΩ 孔，黑表笔插入 COM 孔，转盘打在（—▷|—）挡，然后颠倒表笔再测一次。测量结果如下：如果两次测量的结果是：一次显示"1"字样，另一次显示零点几的数字，那么此二极管就是一个正常的二极管；假如两次显示都相同，那么此二极管已经损坏。LCD 上显示的一个数字即是二极管的正向压降：硅材料为 0.6V 左右；锗材料为 0.2V 左右。根据二极管的特性，可

附图2-6　测二极管极性

以判断此时红表笔接的是二极管的正极，而黑表笔接的是二极管的负极。

2.6　万用表测三极管

（1）测量步骤

①红表笔插入 VΩ 孔，黑表笔插入 COM 孔；

②转盘打在（—▷|—）挡；

③找出三极管的基极 b；

④判断三极管的类型（PNP 或者 NPN）；

⑤转盘打在 HFE 挡；

⑥根据类型插入 PNP 或 NPN 插孔测 β 值；

⑦读出显示屏中 β 值（附图2-7）。

（2）注意事项

①e、b、c 管脚的判定：表笔插位同上；其原理同二极管。先假定 A 脚为基极，用黑表笔与该脚相接，红表笔分别接触其他两脚；若两次读数均为 0.7V 左右，然后再用红笔接 A 脚，黑笔接触其他两脚；若均显示"1"，则 A 脚为基极，否则需要重新测量，且此管为 PNP 管。

②那么集电极和发射极如何判断呢？可以利用"HFE"挡来判断：先将挡位打到"HFE"挡，可以看到挡位旁有一排小插孔，分为 PNP 和 NPN 管的测量。前面已经判断出管型，将基极插入对应管型"b"孔，其余两脚分别插入"c"、"e"孔，此时可以读取数值，即 β 值；再固定基极，其余两脚对调。比较两次读数，读数较大的管脚位置与表面"c"、"e"相对应。

附图 2-7　测三极管极性

2.7　数字万用表使用注意事项

（1）不要使用已损坏的仪表。使用仪表前先检查仪表外壳，并注意连接插座附近的绝缘性。

（2）检查测试表笔，看是否有损坏的绝缘或裸露的金属；检查表笔的通断性，并在使用仪表前更换损坏的表笔。

（3）当操作出现异常时，不要使用仪表，此时保护可能已损坏。当有怀疑时，将仪表送去检修。

（4）不要在爆炸性的气体、蒸汽或灰尘环境中使用仪表。

（5）不要在任何两个端子或任何端子与大地之间输入超过仪表上标明的额定电压。

（6）使用仪表之前，使用仪表测量一个已知的电压来验证仪表。

（7）当测量电流时，在仪表连接入线路之前，关闭线路的电源。

（8）检修仪表时，只使用标明的更换部件。

（9）在测量交流电压 30V 均值、42V 峰值或直流 60V 以上时，要特别留意，因为此类电压会导致电击危险。

（10）使用测试表笔时，保持手指在表笔的挡手后面。

（11）在测量时，先连接公共测试表笔（黑表笔），后连接带电表笔（红表笔）；断开连接时，先断开带电表笔，后断开公共表笔。

（12）打开电池仓时，将所有测试表笔从仪表上移走。

（13）当电池仓或仪表外壳部分没有盖紧或松开时，切勿使用仪表。

（14）当电池低电压警示符号出现时，须尽快更换电池，以免误读数而可能导致的电击或人员伤害。

（15）不要用万用表去测量万用表所示的 CAT 分类等级以外的电压。

（16）如果无法预先估计被测电压或电流的大小，则应先拨至最高量程挡测量一次，再视情况逐渐把量程减小到合适位置。测量完毕，应将量程开关拨到最高电压挡，并关闭电源。

（17）满量程时，仪表仅在最高位显示数字"1"，其他位均消失，这时应选择更高的量程。

（18）测量电压时，应将数字万用表与被测电路并联。测量电流时，应与被测电路串联。测直流量时，不必考虑正、负极性。

（19）当误用交流电压挡去测量直流电压，或者误用直流电压挡去测量交流电压时，显示屏将显示"000"，或低位上的数字出现跳动。

（20）禁止在测量高电压（220V 以上）或大电流（0.5A 以上）时切换量程，以防止产生电弧，烧毁开关触点。

（21）当万用表的电池电量即将耗尽时，液晶显示器左上角电池电量提示低。会有电池符号显示，此时电量不足，若仍进行测量，测量值会比实际值偏高。

附录3 焊接技术

3.1 焊接常用工具

3.1.1 焊接工具

常用的焊接工具是电烙铁，其作用是加热焊料和被焊金属，使熔融的焊料润湿被焊金属表面并生成合金。

3.1.1.1 电烙铁的结构

电烙铁有外热式和内热式两种结构。如附图3-1所示。

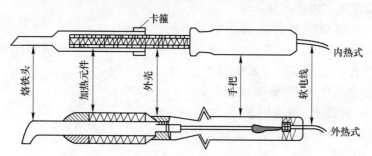

附图3-1 电烙铁结构

内热式和外热式的主要区别在于发热元件在传热体的内部还是外部。内热式的烙铁加热元件在传热体内部，外热式的加热元件在传热体外部，显然，内热式烙铁的能量转换效率高。

烙铁头的选择：

烙铁头的温度与烙铁头的体积、形状、长短等都有一定的关系。为适应不同焊接的要求，烙铁头的形状有所不同，我们在进行焊接的时候应该根据被焊工件的具体情况选择合适的烙铁头。

3.1.1.2 烙铁头的处理

烙铁头是纯铜制作的，在高温下容易被焊锡腐蚀和被氧化。因此，电烙铁在使用前要进行处理，处理方法如下：

（1）新的电烙铁不能直接使用，要在使用前给烙铁头镀上一层焊锡。先用砂纸将烙铁头表面的氧化物除去，然后将烙铁通上电，在砂纸上放置少量的松香，待烙铁蘸上锡后在松香中来回摩擦，直至整个烙铁表面均匀地挂上一层锡为止。如附图 3-2 所示。

附图 3-2　烙铁头挂锡

（2）使用过一段时间后的烙铁，烙铁头会凸凹不平，此时不利于热量传递。处理这样的烙铁头的方法是：先用锉刀将烙铁头部锉平，然后再按照（1）中的方法处理。

3.1.1.3　烙铁头温度判断

烙铁头的温度对于焊接质量有很大的影响，温度太高可能使元件损坏或焊盘脱落；温度太低又不能熔化焊锡。通常情况下，判断烙铁头温度的方法是：

根据助焊剂的发烟状态判别；温度低时，发烟量小，持续时间长；温度高时，发烟量大，消散快；在中等发烟状态，约 6～8s 消散时，温度约 300℃，这是焊接的合适温度。如附图 3-3 所示。

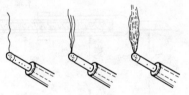

附图 3-3　发烟状态判别

此外，还可以根据焊锡颜色的变化来判别。如果焊锡在很短时间内就变成紫色，说明此时温度太高；如果焊锡的颜色没有变化，说明此时温度低；如果在 3～5s 时间内焊锡变成黄色，则温度合适。

3.1.1.4　电烙铁的选择

根据被焊工件的大小，可从下面几个方面选择电烙铁：

（1）焊接集成电路、晶体管、敏感元件、片状元件时，应选用 20W 内热式或 25W 外热式电烙铁；

（2）焊接大功率管、整流桥、变压器、大电解电容时，应选用 100W 以上的电烙铁；

（3）焊接导线及同轴电缆时，应根据导线粗细选用 50W 内热式或 45～75W 外热式电烙铁。

3.1.1.5 使用电烙铁的注意事项

（1）检查电源线与地线的接头是否正确；

（2）注意防止烙铁线被烙铁头烫破；

（3）不用烙铁时，要将烙铁放到铁架上，以免烫伤自己或他人；若长时间不用，要切断电源，防止烙铁头氧化；

（4）合金烙铁头（长寿烙铁）不能用锉刀修整；

（5）操作者头部要与烙铁头之间保持30cm以上的距离。

3.1.2 装接工具

（1）尖嘴钳：头部较细，可用于夹取小型金属零件或弯曲元器件引线，不宜用于敲打物体或夹持螺母。如附图3-4所示。

附图3-4 尖嘴钳

（2）偏口钳：常常用于剪切细小的导线或焊接后的引线头，也可与尖嘴钳合用剥导线的绝缘皮。如附图3-5所示。

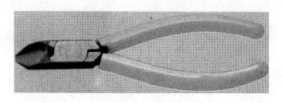

附图3-5 偏口钳

（3）平口钳：头部平宽，适用于重型作业。如螺母、紧固件的装配操作，夹持或折断金属薄板或金属丝。如附图3-6所示。

（4）剥线钳：专门用于剥有包皮的导线。使用时注意将需剥皮的导线放入合适的槽口，剥皮时注意不能剪断导线。如附图3-7所示。

附图3-6 平口钳

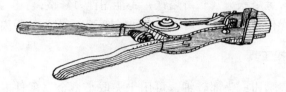

附图3-7 剥线钳

（5）镊子：用于夹持较细的导线，以便于装配焊接；或者用于夹持元器件进行焊接。此外，用镊子夹持元器件焊接，还可以起到散热的作用。如附图3-8所示。

（6）螺丝刀：又称起子、改锥。有"一"字形和"十"字形两种，专门用于拧螺钉。根据螺钉的大小，可选用不同规格的螺丝刀。但在拧时不要用力太猛，以免螺钉滑口。如附图3-9所示。

附图3-8 镊子　　　　　　　　　　　附图3-9 螺丝刀

3.2 焊 接 材 料

3.2.1 焊料

常用的焊料是焊锡，焊锡可分为有铅焊锡和无铅焊锡。无铅焊锡由锡铜合金组成，其中铅的含量在 1000×10^{-6} 以下。有铅焊锡的浸润性较差，熔点较高，有时会造成烙铁头表面黑色化，失去上锡的能力。有铅焊锡是一种锡铅合金，锡铅的比例为 6:4，熔点为 183℃。它的机械强度是锡和铅的 2~3 倍，而且降低了表面张力和黏度，提高了抗氧化能力。焊锡丝内部填有松香的称为松香焊锡丝，在使用松香焊锡丝焊接时，可以不加助焊剂；另外一种是没有填松香的焊锡丝，使用时要加助焊剂。

3.2.2 焊剂

由于金属表面同空气接触后会生成一层氧化膜，这层氧化膜阻止了焊锡对金属的润湿作用，焊剂就是用于清除氧化膜的一种专用材料。我们通常使用的焊剂是松香或者松香水（将松香溶在酒精中）。

3.3 焊接技术

3.3.1 镀锡与元器件工艺成型

镀锡。除少数有良好银、金镀层的引线外，大部分元器件在焊接前都要镀锡。镀锡前要将镀件表面清洁干净，防止氧化物与杂质影响镀锡的效果。

工艺成型。卧式安装、立式安装和其他（晶体管、集成电路）。元器件引线弯成的形状应根据焊盘孔的距离不同而加工成型。元器件在印制板上的安装一般有立式和卧式两种方式。卧式安装时，元件与印制板的间距应大于1mm，同时引线不要齐根弯曲，一般应留1.5mm以上，弯曲不要成死角，圆弧半径应大于引线直径的2倍，如附图3-10所示。工艺成型后，在焊接时尽量保持排列整齐，同类元件的高度要一致。

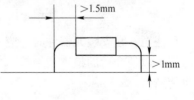

附图3-10 卧式安装

立式安装时，弯曲一端的引脚要留出1.5mm以上的余量，元件的高度不应超过电路板上最高的元件，元件两脚要相距3mm左右，如附图3-11所示。焊接时尽量保持排列整齐，同类元件的高度要一致。

其他一些元器件的安装要求：

晶体管。首先要分清晶体管的集电极、基极、发射极，管脚引线应该保留3~5mm。对于一些大功率晶体管，需先固定散热片，然后将大功率晶体管插入安装位置，固定后再焊接。晶体管的安装如附图3-12所示。

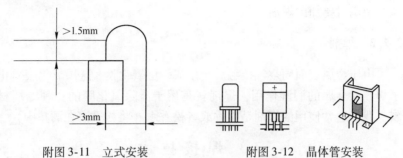

附图 3-11　立式安装　　　　　　　附图 3-12　晶体管安装

集成电路。首先要弄清楚方向和引脚的排列顺序，不能插错。最好先安装集成电路插座，然后再安装集成块。插装集成电路引脚时，不要用力过猛，以免弄断引脚。集成电路的安装如附图3-13所示。

附图 3-13　集成电路安装

注意：在安装元器件时，应保持字符标记方向一致，并符合阅读习惯，以便今后的检查和维修。穿过焊盘的引线，待全部焊接完成后再剪断。

3.3.2　手工焊接技术

3.3.2.1　焊接操作的姿势

实训焊接操作是在工作台上进行的，因此在使用电烙铁时，采用的是握笔法来握持电烙铁。如附图3-14所示。

焊接时，一般左手拿焊锡，右手拿电烙铁。进行连续焊接时，采用附图3-15所示的拿法拿握焊锡丝；如果只焊几个焊点或断续焊接，采用附图3-16所示的拿法拿握。

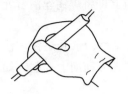

附图 3-14　焊接姿势　附图 3-15　连续焊接拿法　附图 3-16　断续焊接拿法（握笔法）

3.3.2.2　焊接的温度与时间

根据元器件的不同，烙铁的温度与焊接时间也不同，一般烙铁的温度为 300～350℃，焊接时间为 3～5s。

3.3.2.3　焊接步骤

五步焊接法：准备、放上烙铁、熔化焊锡、拿开焊锡丝、拿开烙铁。

步骤 1：准备。烙铁头和焊锡靠近被焊工件并认准位置，处于随时可以焊接的状态，如附图 3-17（a）所示。

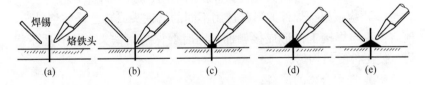

附图 3-17　五步焊接法

步骤 2：放上烙铁。将烙铁头放在工件上加热，注意加热方法要正确，如附图 3-17（b）所示。这样可以保证焊接工件和焊盘被充分加热。

步骤 3：熔化焊锡。将焊锡丝放在工件上，熔化适量的焊锡，如附图 3-17（c）所示。在送焊锡过程中，可以先将焊锡接触烙铁头，然后移动焊锡至与烙铁头相对的位置，这样做有利于焊锡的熔化和热量的传导。此时须注意焊锡一定要润湿被焊工件表面和整个焊盘。

步骤 4：拿开焊锡丝。待焊锡充满焊盘后，迅速拿开焊锡丝，如附图 3-17（d）所示。此时注意熔化的焊锡要充满整个焊盘，并均匀地包围元件的引线。待焊锡用量达到要求后，应立即将焊锡丝沿着元件引线的方向向上提起焊锡。

步骤5：拿开烙铁。焊锡的扩展范围达到要求后，拿开烙铁。注意撤烙铁的速度要快，撤离方向要沿着元件引线的方向向上提起，如附图3-17（e）所示。

3.4　焊点合格标准

（1）焊点有足够的机械强度。一般可采用把被焊元器件的引线端子打弯后再焊接的方法。

（2）焊接可靠，保证导电性能。

（3）焊点表面整齐、美观。焊点的外观应光滑、清洁、均匀、对称、整齐、美观、充满整个焊盘，与焊盘大小比例合适。

3.5　焊接的基本原则

（1）清洁待焊工件表面；

（2）电烙铁和烙铁头应根据焊物的不同，选用不同的规格；

（3）应该根据焊件的形状选用不同的烙铁头或自己修整烙铁头，使烙铁头与焊接工件形成接触面，同时要保持烙铁头上挂有适量焊锡，使工件受热均匀；

（4）选用合格的焊料；

（5）选择适当的助焊剂；

（6）焊接时要保持烙铁头在合理的温度范围；

（7）控制好加热时间，时间一般以2~3s为宜；

（8）焊点形成并撤离烙铁头以后，在焊点凝固过程中不要触动焊点；

（9）对耐热性差、热容量小的元器件，应使用工具辅助散热；

（10）焊接的一般顺序。应按先小后大，先轻后重，先里后外，先低后高，先普通后特殊的次序焊装。即先焊轻小型元器件和较难焊的元件，后焊大型和较笨重的元件；先焊分立元件，后焊集成块，对外连线要最后焊接。例如，元器件的焊装顺序依次是电阻器、电容器、二极管、三极管、集成电路、大功率管。

（11）焊接完毕，必须及时对板面进行彻底清洗，以除去残留的焊剂、油污和灰尘等物。

3.6 拆 焊

调试和维修中常须更换一些元器件，此时如果方法不得当，不但会破坏印制电路板，也会使换下而并没失效的元器件无法重新使用。

一般来说，电阻、电容、晶体管等管脚不多且每个引线能相对活动的元器件，可用烙铁直接拆焊。将印制板竖起来夹住，一边用烙铁加热待拆元件的焊点，一边用镊子或尖嘴钳夹住元器件引线轻轻拉出。重新焊接时，需先用锥子将焊孔在加热熔化焊锡的情况下扎通。需要指出的是，这种方法不宜在一个焊点上多次使用，因为印制导线和焊盘经反复加热后很容易脱落，造成印制板损坏。

当需要拆下有多个焊点且引线较硬的元器件时，一般采用以下三种方法：

（1）采用专用工具。采用专用烙铁头，一次可将所有焊点加热熔化取出。这种方法速度快，但需要制作专用工具，且需较大功率的烙铁，而且拆焊后，焊孔很容易堵死，重新焊接时还须清理。

（2）采用吸锡烙铁或吸锡器。这种工具对拆焊是很有用的，既可以拆下待换的元件，又不致堵塞焊孔，而且不受元器件种类的限制。但它须逐个焊点除锡，效率不高，而且须及时排除吸入的锡。

（3）采用吸锡材料。可用作吸锡的材料有屏蔽线编织层、细铜网以及多股导线等。将吸锡材料浸上松香水贴到待拆焊点上，用烙铁头加热吸锡材料，通过吸锡材料将热传到焊点熔化焊锡。熔化的锡沿吸锡材料上升，将焊点拆开。这种方法简便易行，且不易烫坏印制板。

附录4　调试工艺

4.1　检查电路连线

电路安装完毕，不要急于通电，先要认真检查电路接线是否正确（包括错线、少线和多线）。调试中往往会给人造成错觉，以为问题是元器件故障造成的。为了避免作出错误诊断，通常采用两种查线方法：一种是按照设计的电路图检查安装的线路。把电路图上的连线按一定顺序在安装好的线路中逐一对应检查。这种方法比较容易找出错线和少线。另一种是按照实际线路来对照电路原理图，把每个元件引脚连线的去向一次查清，检查每个去处在电路图上是否都存在。这种方法不但可以查出错线和少线，还很容易查出是否多线。不论用什么方法查线，一定要在电路图上把查过的线做出标记，并且还要检查每个元件引脚的使用端数是否与图纸相符。查线时，最好用指针式万用表"Ω×1"挡，或用数字万用表的蜂鸣器来测量，而且要尽可能直接测量元器件引脚，这样可以同时发现接触不良的地方。

通过直观检查，也可以发现电源、地线、信号线、元器件引脚之间有无短路；连接处有无接触不良；二极管、三极管、电解电容等引脚有无错接等明显错误。

4.2　调试用的仪器

（1）数字万用表或指针式万用表

用数字万用表或指针式万用表可以很方便地测量交、直流电压，交、直流电流，电阻及晶体管 β 值等。特别是数字万用表，具有精度高、输入阻抗高、对负载影响小等优点。

（2）示波器

用示波器可以测量直流电位，正弦波、三角波和脉冲等波形的各种参数。用双踪示波器还可同时观察两个波形的相位关系，这在数字系统中是比较重要的。示波器灵敏度高、交流阻抗高，故对负载影响小。调试中所用示波器频带一定要高于被测信号的频率。但对高阻抗电路，示波器的负载效应不可忽视。

（3）信号发生器

因为经常要在加信号的情况下进行测试，则在调试和故障诊断时，最好备有信号发生器。它是一种多功能的宽频带函数发生器，可产生正弦波、三角波、方波及对称性可调的三角波和方波。必要时自己可用元器件制作简单的信号源，如单脉冲发生器、正弦波或方波等信号发生器。

以上三种仪器是调试和故障诊断时必不可少的，三种仪器配合使用，可以提高调试及故障诊断的速度。根据被测电路的实际需要，还可选择其他仪器，如逻辑分析仪、频率计等。

4.3 调试方法

调试方法有以下两种：

第一种是边安装边调试，也就是把复杂的电路按原理框图上的功能分块进行安装和调试。在分块调试的基础上逐步扩大安装和调试的范围，最后完成整机调试。对于新设计的电路，一般采用这种方法，以便及时发现问题并加以解决。

另一种是整个电路安装完毕，实行一次性调试。这种方法一般适用于定型产品和需要相互配合才能运行的产品。如果电路中包括模拟电路、数字电路和微机系统，一般不允许直接连用。不但它们的输出电压和波形各异，而且对输入信号的要求也各不相同。如果盲目连接在一起，可能会使电路出现不应有的故障，甚至造成元器件大量损坏。因此，一般情况下要求把这三部分分开，按设计指标对各部分分别加以调试，再经过信号及电平转换电路后，实现整机联调。

4.4 常用的检查方法

常用的检查方法有七种：直观检查法、电阻法、电压法、示波法、电流法、元器件替代法、分隔法。

（1）直观检查法

通过视觉、听觉、触觉来查找故障部位，这是一种简便有效的方法。检查接线，在面包板上接插电路，接错线引起的故障占很大比例，有时还会损坏器件。听通电后有否打火声等异常声响；闻有无焦糊异味出现；触摸晶体管管壳查看是否冰凉或烫手，集成电路是否温升过高。听、摸、闻到异常情况时，应立即断电。

（2）电阻法

用万用表测量电路电阻和元件电阻来发现和寻找故障部位及元件，注意应在断电条件下进行。可检查电路中连线是否断路，元器件引脚是否虚连；电路中电阻元件的阻值是否正确；检查电容器是否断线、击穿和漏电；检查半导体器件是否击穿、开断及各 PN 结的正反向电阻是否正常等。

（3）电压法

用电压表直流挡检查电源、各静态工作点电压、集成电路引脚的对地电位是否正确，也可用交流电压挡检查有关交流电压值。测量电压时，应当注意电压表内阻及电容对被测电路的影响。

（4）示波法

通常是在电路输入信号的前提下进行检查。这是一种动态测试法，用示波器观察电路有关各点的信号波形，以及信号各级的耦合、传输是否正常，来判断故障所在部位，是在电路静态工作点处于正常的条件下进行的检查。

（5）电流法

用万用表测量晶体管和集成电路的工作电流、各部分电路的分支电流及电路的总负载电流，以判断电路及元件正常工作与否。这种方法在面包板上不多用。

（6）元器件替代法

对怀疑有故障的元器件，可用一个完好的元器件替代，置换后若电路工作正常，则说明原有元器件或插件板存在故障，可作进一步检查测定之。这种方法须力求判断准确。对连接线层次较多、功率大的元器件及成本较高的部件，不宜采用此法。

（7）分隔法

为了准确地找出故障发生的部位，还可通过拔去某些部分的插件和切断部分电路之间的联系来缩小故障范围，分隔出故障部分。

4.5 故障分析与排除

判断故障级时，可采用两种方式：

（1）由前向后逐级推进，寻找故障级。这时从第一级输入信号，用示波器或电压表逐级测试其后各级输出端信号，如发现某一级的输出波形不正确或没有输出时，说明故障就发生在该级或下级电路。这时可将级间连线或耦合电路断开，进行单独测试，即可判断故障级。模拟电路一般加正弦波，数字电路可根据功能的不同输入方波、单脉冲或高、低电平。

（2）由后向前逐级推进，寻找故障级。可在某级输入端加信号，测试其后各级输出信号是否正常。若无故障，则往前级推进。若在某级输出信号不正常，处理方法与（1）相同。

故障级确定后，寻找故障具体部位可按以下几步进行：

（1）检查静态工作点

可按电路原理图所给定静态工作点进行对照测试，也可根据电路元件参数值进行估算后测试。

以晶体管为例：对线性放大电路，则可根据：$U_C = (1/3 \sim 1/2) V_{CC}$，$U_E = (1/6 \sim 1/4) V_{CC}$，$U_{BE}$（硅）$= 0.5 \sim 0.7V$，$U_{BE}$（锗）$= 0.2 \sim 0.3V$ 来估算和判断电路工作状态是否正常。

对于开关电路，如果三极管应处于截止状态，则根据 U_{BE} 电压加以判断，它应略微处于正偏或处于反偏；如果三极管应处于饱和状态，则 U_{CE} 小于 U_{BE}。若工作点值不正常，可检查该级电路的接线点以及电阻、三极管是否完好，查出故障所在点。若仍不能找出故障，应作动态检查。对于数字电路，如果无论输入信号如何变化，输出一直保持高电平不变时，这可能是被测集成电路的地线接触不良或未接地线。如输出信号的变化规律和输入的相同，则可能是集成电路未加上电源电压或电源接触不良所致。

（2）动态的检查

要求输入端加检查信号，用示波器（或电子电压表）观察测试各级各点波形，并与正常波形对照，根据电路工作原理判断故障点所在。

附录5　实习安全

5.1　安　全　用　电

5.1.1　安全用电原则

电器设备安装要符合技术要求：不接触电压高于36V的带电体，不靠近高压带电体，不弄湿用电器，不损坏电器设备中的绝缘体。实践证明，以下3点是安全用电的基本保证：

（1）安全用电观念

增强安全用电的观念是安全的根本保证。任何制度、任何措施都是由人来贯彻执行的，忽视安全是最危险的隐患。

（2）基本安全措施

工作场所的基本安全措施是保证安全的物质基础。

（3）养成安全操作习惯

1）人体触及任何电气装置和设备时先断开电源。断开电源一般指真正脱离电源系统（例如拔下电源插头、断开刀闸开关或断开电源连接），而不仅是断开设备电源开关。

2）测试、装接电力线路时，采用单手操作。

3）触及电路的任何金属部分之前，都应进行安全测试。

5.1.2　安全操作规程

人体若通过50Hz、25mA以上的交流电时，会发生呼吸困难；100mA以上时，则会致死。因此，安全用电非常重要，为了保障人身、设备的安全，学生在实验室用电过程中必须严格遵守安全操作规程。

5.1.2.1　实验室安全操作规程

（1）防止触电。

（2）防止着火。

（3）防止短路。

电路中各接点要牢固，电路元件二端接头不能直接接触，以免烧坏仪器或产生触电、着火等事故。

（4）实验开始以前，应先由教师检查线路，经同意后，方可插上电源。

（5）若仪器有漏电现象，则可将仪器外壳接上地线，仪器即可安全使用。

5.1.2.2　电工安全操作规程

（1）工作前必须检查工具、测量仪表和防护用具是否完好。

（2）任何电气设备内部未经验明无电时，一律视为有电，不准用手触及。

（3）不准在运转中拆卸修理电气设备。必须在停车、切断设备电源、取下熔断器、挂上"禁止合闸，有人工作"的警示牌，并验明无电后，方可进行工作。

（4）临时工作中断后或每班开始工作前，都必须重新检查电源确已断开，并验明无电。

（5）每次维修结束时，必须清点所带工具、零件，以防遗失和留在设备内而造成事故。

（6）在低压配电设备上进行工作时，必须事先经过领导批准，并有专人监护。工作时要戴工作帽，穿长袖衣服，戴绝缘手套，使用绝缘的工具，并在绝缘物上进行操作，相邻带电部分和接地金属部分应用绝缘板隔开。

（7）禁止带负载操作动力配电箱中的刀开关。

（8）电气设备的金属外壳必须接地（接零），接地线要符合标准，不准断开带电设备的外壳接地线。正常情况下，将不带电的电气设备的金属外壳和构架通过接地装置与大地作良好的电气连接，称为保护接地。正常情况下，将不带电的电气设备金属外壳和构架与变压器中性点直接接地的零线相连接，称为保护接零。

（9）安装灯头时，开关必须接在相线上，灯头（座）螺纹端必须接在零线上。

（10）严禁将电动工具的外壳接地线和工作零线拧在一起插入插

座。必须使用三孔两相插座。手电钻、手砂轮、电刨等手持电动工具，使用前须用电笔测试外壳是否带电，检查接地点接触是否良好。电设备的金属外壳应可靠地接地或接零。

（11）使用梯子时，禁止两人同时上梯子，梯子与地面之间的角度以 60°～75° 为宜。在水泥地面上使用梯子时，要有防滑措施。对没有搭钩的梯子，在工作时要有人扶持。使用人字梯时，拉绳必须牢固。不使用有空档的梯子。

（12）电气设备发生火灾时，要立刻切断电源，并使用灭火器灭火，严禁用水或泡沫灭火器。

（13）保证电气设备检修工作的安全技术措施：停电，验电，放电，悬挂标志牌。

（14）正确使用个人防护用品和安全防护工具，进入施工现场必须戴好安全帽，穿好工作服和绝缘靴。在高空、悬崖和陡峭处施工时，必须系好安全带。

（15）低压基本绝缘安全工具有：绝缘手套、装有绝缘杆的工具、低压验电器。低压基本辅助安全用具有：绝缘鞋、绝缘靴、绝缘台。

5.2　防止触电事故

触电事故往往是由于操作人员麻痹大意，违反电气操作规程；或是电气设备绝缘损坏、接地不良；或是进入高压电路的接地短路点以及遭雷击等原因。不同的场合，引起触电的原因也不一样。

5.2.1　触电的类型

5.2.1.1　低压电路中的触电

即人接触了火线与零线或火线与大地。

（1）人误与火线接触的原因

①火线的绝缘皮破坏，其裸露处直接接触了人体，或接触了其他导体，间接接触了人体。

②潮湿的空气导电，不纯的水导电，湿手触开关触电。

③电器外壳未按要求接地，其内部火线外皮破坏接触了外壳。

④零线与前面接地部分断开以后，与电器连接的原零线部分通过电器与火线连通转化成了火线。

（2）人自以为与大地绝缘却实际与地连通的原因

①人站在绝缘物体上，却用手扶墙或其他接地导体，或被站在地上的人触碰。

②人站在木桌、木椅上，而木桌、木椅却因潮湿等原因转化成为导体。

（3）避免低压电路中触电的注意事项

①开关接在火线上，避免打开开关时使零线与接地点断开。

②安装螺口灯的灯口时，火线接中心、零线接外皮。

③室内电线不要与其他金属导体接触，电线有老化与破损时，要及时修复。

④电器该接地的地方一定要按要求接地。

⑤不用湿手扳开关、换灯泡、插拔插头。

⑥不站在潮湿的桌椅上接触火线。

⑦接触电线前，先把总电闸打开，在不得不带电操作时，要注意与地绝缘，先用测电笔检测接触处是否与火线连通，并尽可能单手操作。

5.2.1.2　高压触电

高压带电体不但不能接触，而且不能靠近。高压触电有两种：

（1）电弧触电。人与高压带电体距离到一定值时，高压带电体与人体之间会发生放电现象，导致触电。

（2）跨步电压触电。高压电线落在地面上时，在距高压线不同距离的点之间存在电压。人的两脚间存在足够大的电压时，就会发生跨步电压触电。

高压触电的危险比220V电压的触电更危险，所以看到"高压危险"的标志时，一定不能靠近它。室外天线必须远离高压线，不能在高压线附近放风筝、捉蜻蜓、爬电杆等。

5.2.2　防止触电的安全措施

由于触电对人体的危害极大，因此必须安全用电，并要以预防为主。为了最大限度地减少触电事故的发生，应了解触电的原因与形式，以便针对不同情况采取预防措施。

5.2.2.1 安全电压

通过人体的电流决定于触电时的电压和人体电阻。施加在人体上一定时间内不致造成伤害的电压称为安全电压。为了保障人身安全，使触电者能够自行脱离电源，不至于引起人员伤亡，各国都规定了安全操作电压值。

我国规定的安全电压为：50 ~ 500Hz 的交流电压额定值有 36V、24V、12V、6V 四种，直流电压额定值有 48V、24V、12V、6V 四种，以供不同场合使用。还规定安全电压在任何情况下均不得超过 50V 有效值。当使用高于 24V 的安全电压时，必须有防止人体直接触及带电体的保护措施。

5.2.2.2 保护接地

电力系统运行所需的接地，称为工作接地。把电气设备的金属外壳、框架等用接地装置与大地可靠连接，称为保护接地，如附图 5-1 所示。它适用于中性点不直接接地的低压电力系统。保护接地电阻一般应不高于 4Ω，最高不得高于 10Ω。

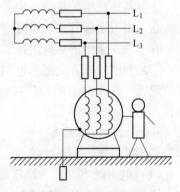

附图 5-1　保护接地

保护接地后，若某一相线因绝缘损坏与机壳相碰使机壳带电，当人体与机壳接触时，由于采用了保护接地装置，相当于人与接地电阻并联，又由于接地电阻远低于人体电阻，电流绝大部分通过接地线流入地下，从而保护了人身安全。

对于中性点直接接地的电力系统，不宜采取接地保护措施。

5.2.2.3 保护接零

在中性点直接接地的三相四线制电力系统中，将电气设备的金属外壳、框架等与系统的零线（中线）相接，称为保护接零，如附

图 5-2 所示。

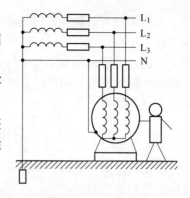

保护接零后，如果某一相线因绝缘损坏与机壳相碰，使机壳带电，则电流通过零线构成回路。由于零线电阻很小，致使短路电流很大，会立刻将熔丝烧断或使其他保护装置动作，迅速切断电源，从而消除了触电危险。

附图 5-2　保护接零

5.2.2.4　使用漏电保护器

漏电保护器是一种防止漏电的保护装置，当设备因漏电外壳上出现对地电压或产生漏电流时，它能够自动切断电源。漏电保护器既能用于设备保护，也能用于线路保护，具有灵敏度高、动作快捷等特点。对于那些不便于敷设零线的地方，或土壤电阻系数太大，接地电阻难以满足要求的场合，应广泛推广使用。

漏电保护器安装时，必须注意保护器中的继电器接地点和接地体应与设备的接地点和接地体分开，否则漏电保护器不能起保护作用。

5.2.2.5　采用三相五线制

我国低压电网通常使用中性点接地的三相四线制，提供 380V/220V 的电压。在一般家庭中，常采用单相两线制供电，因其不易实现保护接零的正确接线，而易造成触电事故。

为确保用电安全，国际电工委员会推荐使用三相五线制，它有三根相线 L_1、L_2、L_3，一根工作零线 N，一根保护零线 PE，如附图 5-3 所示。在一般家庭中采用单相三线制供电，即一根相线，一根工作零线，一根保护零线，如附图 5-4 所示。

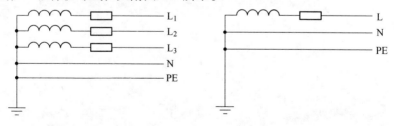

附图 5-3　三相五线制　　　　　附图 5-4　单相三线制

采用三相五线制有专用的保护零线，保证了连接畅通，使用时接线方便，能良好地起到保护作用。现在新建的民用建筑布线很多都已采用此法。旧建筑在大修、中修、改造、翻建时，应按有关标准加装专用保护零线，将单相两线制改为单相三线制，在室内安装符合标准的单相三孔插座。

5.3　触电事故的急救

一旦发生触电事故，抢救者必须保持冷静，首先应使触电者脱离电源，然后进行急救。

（1）脱离电源

使触电者迅速脱离电源是极其重要的，触电时间越长，对触电者的伤害就越大。根据具体情况和采取不同的方法，如断开电源开关、拔去电源插头或熔断器插件等；用干燥的绝缘物拨开电源线或用干燥的衣服垫住，将触电者拉开。在高空发生触电事故时，触电者有被摔下的危险，一定要采取紧急措施，使触电者不致被摔下而造成二次伤害。

（2）急救

触电者脱离电源后，应根据其受到电流伤害的程度，采取不同的施救方法。若停止呼吸或心跳停止，决不可认为触电者已死亡而不去抢救，应立即争分夺秒进行现场人工急救。

1）人工呼吸法。适用于触电者有心跳无呼吸的触电者。

2）人工胸外心脏按压法。人工胸外心脏按压法适用于心跳停止或不规则颤动的触电者。

附录6 室内综合电气配线与安装

6.1 室内配线的技术要求

6.1.1 照明线路的组成

照明线路是对照明灯具、电扇、空调器、电热器具等用电设备供电和控制的线路，其供电方式一般为单相220V两线制，如附图6-1所示。如果负载电流超过30A，则采用380/220V三相四线制供电，将用电负载尽量均匀地分接在3个相线上。引入线的工作电流为所有

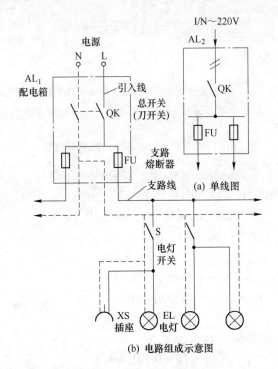

附图6-1 照明线路的组成

用电器具额定电流的综合乘以同时使用系数（也称需用率）。引入线的载流量应大于或等于引入线的工作电流。

室内电气配线时，应采用多回路供电。一般照明、插座、容量较大的空调器或厨房电器各为一个回路，而一般容量空调器两个合为一个回路，家用配电箱一般有6、8、10个回路，如附图6-2所示。

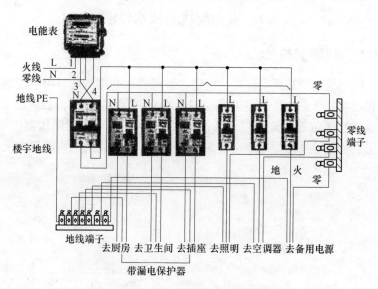

附图6-2　家用配电箱输出回路示意图

家庭的总开关应根据家庭用电器的总功率来选择，而总功率是各分路功率之和的0.8倍，即总功率（W）为

$$P_{总} = (P_1 + P_2 + P_3 + \cdots + P_n) \times 0.8$$

总开关承受的电流（A）应为

$$I_{总} = P_{总} \times 4.5$$

式中　　　　　　$P_{总}$——总功率（容量）；

$P_1 + P_2 + P_3 + \cdots + P_n$——各分路功率；

$I_{总}$——总电流。

分路开关的承受电流（A）为

$$I_{分} = 0.8 P_n \times 4.5$$

空调器回路要考虑到起动电流，其开关电流容量（A）为

$$I_{空调} = (0.8P_n \times 4.5) \times 3$$

分回路要按家庭区域划分。一般来说，分回路的容量选择在1.5kW 以下，单个用电器的功能在 1kW 以上的，建议单列为一分回路（如空调器、电热水器、取暖器等大功率家用电器）。

6.1.2　室内配线的技术要求

室内配线不仅要使电能的传送可靠，而且要使线路布置合理、整齐，安装牢固，符合技术规范的要求。室内配线不能破坏建筑物的强度和损害建筑物的美观，在施工前就要考虑好与给排水管道、热力管道、风管道以及通信线路布线等的位置关系。

室内配线的技术要求如下：

（1）导线的额定电压应高于线路的工作电压，并应采用绝缘导线，绝缘层应符合线路的安装方式和敷设环境的要求。

（2）在同一根线管或线槽内有几个回路时，所有绝缘导线和电缆都有与最高电压回路绝缘相同的绝缘等级。

（3）导线的截面积应按导线的机械强度和允许的载流量来选择。为使导线具有足够的机械强度，一般照明及插座铜线截面积使用 2.5mm^2，而空调器等大功率家用电器的铜线截面积至少应选择 4mm^2。

（4）室内配线方式应根据使用环境来选用：在干燥的场所，宜采用鼓形绝缘子或瓷夹板配线；但在易触及到的地方，宜采用线管配线；潮湿的场所，例如生产厂房、畜舍、作坊等场所，为提高其绝缘水平，宜采用鼓形绝缘子配线，但在易触及到的地方，为加强导线的防护，宜采用明管配线；在有腐蚀、易燃、易爆和特别潮湿的场所，宜采用暗管配线。

（5）室内线路应尽可能避开热源，不在发热物（如烟囱）的表面敷设，严禁采用一线一地和两线一地的配线方式。

（6）埋入墙体或混凝土内的管线，离表面层的净距应不小于 15mm；塑料电线管在砖墙壁内剔槽敷设时，必须用强度等级不低于 425 号水泥砂浆抹面保护，其厚度应不小于 15mm。埋入土层和有防腐蚀性垫层（如焦渣层）内的钢管，应用水泥砂浆全面保护；埋入砖墙壁内的钢管无防腐层或防腐层脱落处，均应刷樟丹油漆一道。

（7）配线工程中使用的金属辅件、配线管材及金属构架等均应做防腐处理，其方法是除设计另有要求外，均应镀锌或刷樟丹油漆一道；明敷设部分，还应刷灰色油漆两道。

（8）线路对地绝缘电阻，不应低于每伏工作电压 $1k\Omega$。

6.1.3　一般家庭电气配线的要求

（1）在进户处，必须安装嵌墙式住户配电箱。住户配电箱内设置电源总开关，该开关能同时切断相线和中性线，且有断开标志。

（2）根据室内用电设备的不同功率分别配线供电；大功率家电设备应独立配线，安装插座；一个空调器回路最多带两台空调器。所用导线截面积应满足该回路用电设备的最大输出功率（应适当留一定的富余量）。

（3）插座回路必须加装漏电保护装置。电气插座所接的负载基本上都是人手可触及的移动电器（吸尘器、落地或台式电风扇）或固定电器（电冰箱、微波炉、电加热淋浴器和洗衣机等）。当这些电器设备的导线受损（尤其是移动电器的导线）或人手可触及电器设备的带电外壳时，就有电击危险。为此，除壁挂式空调器电源插座外，其他电源插座均应设置剩余电流保护装置。

（4）为便于检查和维修，暗管必须弯曲敷设时，其路由长度应不大于 15m，且该段内不得有 S 弯。连续弯曲超过两次时，应加装过线盒。所有转弯处均用弯管器完成，为标准的转弯半径（暗管弯曲半径不得小于该管外径的 6～10 倍）。暗管直线敷设长度超过 30m时，中间应加装过线盒。在暗管内不得有各种线缆接头或打结，不得采用国家明令禁止的三通、四通等。

（5）配线时，相线与零线的颜色应不同；同一住宅配线颜色应统一，相线（L）宜用红色，零线（N）宜用蓝色或黄色，保护线（PE）必须用黄绿双色线。

（6）为防止漏电，导线之间和导线对地之间的电阻必须大于 $0.5M\Omega$。

（7）住宅应设有线电视系统，其设备和线路应满足有线电视网的技术要求。

（8）每户电话进线不应少于两对，其中一对应通到计算机桌旁，以满足上网需要。

（9）电源、电话、电视线路应采用阻燃型塑料管暗敷。电话和电视等弱电线路也可采用钢管保护，电源线采用阻燃型塑料管保护。

（10）防雷接地和电气系统的保护接地分开设置。

6.2 室内配线的安装要求与步骤

6.2.1 室内配线的安装要求

室内配线无论采用哪种方式，都必须保证其敷设后达到安全可靠、经济合理、整齐美观、使用方便和便于维修的要求，质量应符合 GB 303—2011《建筑电气工程施工质量验收规范》的要求。

室内配线的安装要求如下：

（1）配线时，应尽量避免导线接头，因为导线接头不良常常造成事故。若必须接头时，应采用压接或焊接，并用绝缘胶布包缠好。但必须注意，穿在管内的导线，在任何情况下都不能有接头。必要时可采用接线盒，接头放在接线盒或灯头盒内。导线承力处不应有接头。

（2）为防止雨水沿导线进入室内，导致配电箱、盘受潮，因而入户线在进墙的一段应采用额定电压不低于500V的绝缘导线。穿墙保护管的外侧，应有防水弯头，且导线应弯成滴水弧状后方可引入室内。

（3）导线穿过建筑物墙体时，应用瓷管、钢管或硬塑料管保护。钢管两端应有扩圈，管子两端露出建筑物不应小于10mm。这样可以防止导线与墙壁接触，磨损绝缘面而漏电。

（4）绝缘导线穿越楼板时，应将导线穿入钢管或硬塑料管内保护，保护管上端口距离地面不应低于1.8m，下端口到楼板为止。

（5）导线相互交叉时，应在每根导线上加套绝缘管，并将套管在导线上固定。

（6）每一分路装接的电灯、插座数，一般不应超过20个，其最大负载不应超过 15A；电热负载每一分路装接的插座数，一般不超过 6 个，其最大负载电流不超过 30A。

（7）进入灯头盒、开关盒的线管数量不宜超过 4 根，否则应选用大型盒。

（8）电线与暖气、热水、煤气管之间的平行距离不应小于 300mm，交叉距离不应小于 100mm；并注意强电、弱电电线不能在同一管路内，防止弱电线路受到电磁干扰。

（9）在 TN 系统（保护接零系统）中，壁挂空调器的插座回路可不设剩余电流保护装置；但在 TT 系统（保护接地系统）中，所有插座回路均应设剩余电流保护装置。

（10）安装剩余电流保护器和低压断路器的分线盒不要放在室外，要放在室内，防止他人恶意断电搞破坏。

（11）安装插座一般应距地面 30cm 高，开关一般距地面 140cm 高；为了避免儿童玩弄插座发生触电危险，儿童房、幼儿园及儿童游乐场等儿童较多的地方，要求安装插座的离地面高度不小于 1.8m，且最好采用安全型插座。

（12）配线安装完毕，应用 500V 绝缘电阻表测量全线路的导线之间及导线对地间的绝缘电阻。

6.2.2 室内配线的安装步骤

室内配线的安装步骤为：

（1）定位

首先按电气装配图确定灯具、开关、插座和配电板等电器的安装位置，然后确定导线的敷设位置。确定导线敷设位置后，确定导线起始端、穿墙位置、转角、终端等处的位置，最后确定导线敷设路径中瓷夹板、鼓形绝缘子等固定件的安装位置，并做出标记。

（2）划线

划线工作应考虑所配线路的整洁美观，尽可能沿房屋线脚、墙脚等处敷设，并与用电设备的进线口对正。可使用粉线袋或边缘刻有尺寸的木尺划线。划线时，用铅笔或粉线袋划出配线的安装线路，并在每个灯具、开关、插座的固定点中心划一个"×"号。如果室内墙壁已粉刷，则划线时不要弄脏粉刷层表面。

（3）凿孔与预埋紧固件

按划线的定位点凿眼。在砖墙上凿眼，可使用小扁凿或电钻；在混凝土结构上凿眼，可使用麻花凿或冲击电钻；在墙上凿穿墙孔时，可使用长凿，当墙孔即将打通时，应减小手锤的锤击力，以免在墙壁的另一面打掉大块砖墙壁，也可避免长凿冲出墙外伤人。

（4）埋设保护管（穿墙瓷管或过楼板钢管）

该项工作最好在土建砌墙时或其他混凝土结构施工中预埋。先用竹管或塑料管代替，当拆除模板刮糙后，将竹管取出换上瓷管。过楼板钢管直接埋入混凝土构造中即可。

（5）敷设导线

装设绝缘支持物、线夹或管子；将导线连接、分支和封端，再与设备连接。

（6）装上用电器和电气装置

安装好所有家用电器、灯具和其他电气装置。

（7）通电试验，全面验收

检验线路安装质量，检查线路外观质量，绝缘电阻是否符合要求，有无断路或短路；然后通电试验，全面验收。

6.2.3　室内配线时应注意的事项

（1）埋线与接线

室内配线为达到既安全又美观，一般都采用在墙上开槽埋线的办法。布线要用暗管敷设，导线在管内不应有接头和扭结。不能把电线直接埋入抹灰层，因为这样不利于以后线路的更换，而且也很不安全。

如果是在钢筋混凝土的墙上开槽，应采用云石机进行切割。不宜使用电锤，电锤容易把埋线槽周围的墙体震松，破坏墙体结构。

在布线过程中，要遵循"相线进开关，中性线进灯头"的原则，插座接线要"左边中性线右边相线，接地在上"。在进行电线的连接时，不能只简单地用绝缘胶布把两根导线缠在一起，一定要在接头处刷上锡，并用钳子压紧，这样才能避免线路因过电量不均匀而老化。

（2）开关与插座

　　开关和插座的安装位置和数量，是室内配线时应慎重考虑的。同一房间的开关或插座高度要一致。一般情况，开关距地面 1.4m，插座距地面 0.3m。

　　一个房间最少要有两个插座。插座的数量要有超前的考虑，尽量减少以后住户对接线板的使用，电源插座的间距宜控制在 2.5～3m。插座的位置和数量最好根据室内家用电器摆放位置来决定。

　　开关、插座的安装要牢固，要做到盖板端正，表面清洁，要紧贴墙壁，四周无空隙。

　　洗衣机、电冰箱插座距地面为 1.2～1.5m，最好选用带开关的三极插座。

　　电视柜台面电器所用插座必须安装在高于台面 10cm 左右的位置，切忌贴着电视柜台面安装。

　　（3）厨房与卫生间

　　厨房和卫生间由于功能比较特殊，所以布线时要重点考虑。厨房的开关插座要避免安装在煤气灶或煤气灶周围。厨房的电气设备通常有照明灯、抽油烟机、冰箱等，料理台上则应配置数个插座，供食品粉碎机、微波炉、电饭锅等厨房用具用电。厨房插座安装高度不应低于 1.5m，且应全部采用带接地极的三极插座。

　　卫生间分为两种，即干湿分开的卫生间和干湿合一的卫生间。湿式卫生间内有浴缸和坐便器；干式卫生间放置洗脸盆和洗衣机。

　　卫生间一般装有活动吊顶。浴霸、排气扇一般都设置在活动吊顶内。在大卫生间内还配置电加热淋浴器，因此要配置专用的插座。镜前灯下还须设置电动剃须刀、电吹风和烘手器插座。

　　放置浴缸的卫生间是潮湿环境，用湿手操作电源开关有一定的危险性，因此电源开关可装在湿式卫生间外面的门旁墙上。若装在卫生间内，应采用拉线开关或防水开关。

　　卫生间的配管应为暗配，吊顶内则为明配。为达到双重绝缘，提高用电安全性，保护管应该用塑料管。

　　浴霸的电源线应直接从住户配电箱内引来，用 3 根 2.5mm^2 的铜芯导线。浴霸用一只开关控制普通照明，用一只或两只开关控制红外灯。浴室的配电回路应有漏电保护，灯具金属外壳都应该接地。卫生间的镜前灯可采用荧光灯。

6.3 导线的选择与连接

6.3.1 导线的选择

6.3.1.1 导线截面积的选择

正确地选择线缆的导体截面积，是保证安全、可靠兼顾节约的最重要措施之一。导体截面积也是选择线缆的最重要指标。

线缆的安全载流量，主要取决于导体的材料和截面积。导体材料确定之后，截面积就是第一位应考虑的问题。线缆中导体的电导率越高、截面积越大，其安全载流量就越大。截面积还与线缆的绝缘材质、敷设方式、环境温度等有关。500V单芯聚氯乙烯塑料线明装与穿塑料管暗装时，长期连续负载的允许载流量见附表6-1。

附表6-1 500V单芯聚氯乙烯塑料线明装与穿塑料管暗装时长期连续负载的允许载流量 单位：A

截面积 /mm²	明 装		穿塑料管暗装					
			穿两根导线		穿三根导线		穿四根导线	
	铜芯线	铝芯线	铜芯线	铝芯线	铜芯线	铝芯线	铜芯线	铝芯线
1.5	24	18	16	13	15	11.5	13	10
2.5	32	25	24	18	21	16	19	14
4.0	42	32	31	24	28	22	25	19
6.0	55	42	41	31	36	27	32	25
10.0	75	59	56	42	49	38	44	33

注：1. 选用的导线型号有 BV、BLV；2. 导线线芯最高允许的工作温度为 +65℃；
　　3. 周围环境温度为 +25℃。

在实际配线施工中，常用的塑料绝缘及护套电线是在塑料外层再加一层聚氯乙烯护套构成的，如果里面采用的是铜芯，型号则为 BVV，是室内装修配线最常用的导线。

一般铜芯线的安全载流量为 $5 \sim 8A/mm^2$，如截面积为 $2.5mm^2$ BVV 铜芯线，安全载流量的推荐值为 $2.5 \times 8A/mm^2 = 20A$，截面积为 $4mm^2$ BVV 铜芯线安全载流量的推荐值为 $4 \times 8A/mm^2 = 32A$。

考虑到导线在长期使用过程中要经受各种不确定因素的影响，一般按照以下经验公式估算铜芯线截面积。

$$铜芯线截面积（mm^2）\approx I/4$$

例如，某家用单相电能表的额定电流最大值为 40A，则选择铜芯线截面积为

$$I/4\approx 40/4mm^2 = 10mm^2$$

即选择截面积为 $10mm^2$ 的铜芯线。

按照国家的有关规定，家装电路应使用铜芯线，而且应尽量使用较大截面积的铜芯线。一般来说，在电能表前的铜芯线截面积应选择 $10mm^2$ 以上，家庭内的一般照明及插座铜芯线截面积使用 $2.5mm^2$，单独照明的铜芯线截面积可使用 $1.5mm^2$，而空调器等大功率家用电器的铜芯线截面积至少应选择 $4mm^2$。

常见家用电器的用电负荷见附表 6-2。因家用电器的品牌、型号规格不同，表中的数据仅供读者在选择导线截面积时参考。

附表 6-2　常见家用电器的用电负荷

序号	品名	额定功率/W	额定电流/A	序号	品名	额定功率/W	额定电流/A
1	电视机	250	1.1	9	音响设备	300	1.3
2	计算机	350	1.6	10	照明	500	2.3
3	洗衣机	250	1.1	11	电磁炉	2000	9
4	电风扇	60	0.3	12	抽油烟机	330	1.5
5	电熨斗	500	2.3	13	饮水机	100	0.4
6	电饭煲	700	3.2	14	吸尘器	1200	5.4
7	微波炉	1000	4.5	15	浴霸	1500	6.8
8	电吹风	1000	4.5	16	电暖器	2000	9

另外，在选择室内导线时，还应考虑以下几点：

（1）要有足够的机械强度和柔软性。室内配线用的导线必须有足够的机械强度和柔软性。机械强度太低，不能承受人的拉力，易断。采用暗装方式安装时，线缆要穿过固定在墙内的管道中，若机械强度不足，穿线过程中就可能造成芯线折断。临时性插座引入线，因为经常拔插移动，重点应考虑电线电缆的柔软性，一般宜选用多股铜

芯线。

（2）绝缘性能好。导线的绝缘性能，是保证安全用电的重要指标。常用导线的绝缘外皮有两种：橡皮和塑料。橡皮绝缘导线多用于交流额定电压在 250V 以下、长期工作温度不超过 +65℃ 的场合。塑料绝缘导线可用于交流额定电压在 500V 以下或直流电压在 1000V 以下、长期工作温度不超过 +65℃ 的场合。

（3）导电性能强。铜线的电导率较高，铝线次之，在电阻相同的情况下，铝芯线截面积是铜芯线的 1.68 倍，铜芯线的机械强度较铝芯线高；铝芯线价格较低，不易焊接。

6.3.1.2　导线颜色的选择

在室内配线中，导线颜色的选择容易被忽视。有人把不符合颜色规定的用剩的导线用在室内配线中，例如用原作为相线的红色导线用作接地线等，这是不允许的。

规定导线颜色的目的，除了在安装施工时便于识别外，还为今后维护时提供方便，减少因误判而引起的事故。

有关的国家标准已明确规定：三相相线：A（或 L_1）黄色、B（或 L_2）绿色、C（或 L_3）红色；中性线（N）为淡黄色；保护线（PE）为绿/黄双色。

如果室内配线为二相供电，那么开关箱引出的相线必须与进线同色。

二相插座的三根相线采用同一种颜色线，这也是不允许的。因为碰到插座断相时，难以判断是断的哪一相。在三相供电系统中，单相插座的相线同样应与电源进线颜色相同。

固定式三相设备的电源线，其色标要求和电源一致。有些室内配线在电源未接通前，设备的电源线已接好，当试运转时，再发现相序不对时，设备端的相线已无法进行调整，于是就在电源端调整，造成相线颜色和配电线路相线颜色不一致，此时就只能采取包色带的消极办法了。

为了避免上述情况的出现，应在电源接通后先临时接通设备，在确定相序正确后，先切断设备的电源线，再接好线，并正式接通设备。携带式三相设备的电源线允许和配电线路的色标不一致。在室内配线时，三相插座的相序必须按设计要求施工；如果设计未提出要求，则同一室内配线中相序应一致。

如果室内配线是单相供电，为便于判断故障，建议住户开关箱的分路出线采用不同相色的导线，即用黄、绿、红三种颜色的相线，当某灯发生相线故障时，根据导线颜色就能知道是哪一分路的故障。

单联照明开关的进出线应用同色相线，无须区分进线还是出线。多联照明开关的进出线为便于区分，可用两种颜色的相线，即进线用一种，出线用另一种。例如三联开关，一根进线是红色时，三根出线用绿色。另外，不允许把不同相色的线压接在一起。

6.3.2　导线的连接

在电气配线工作中，常常需要把一根导线与另一根导线连接起来。导线的连接是电工基本操作技能之一。导线连接的质量关系着线路和设备运行的可靠性和安全性。

导线连接过程大致可分为三个步骤，即导线绝缘层的剥削、导线线头的连接和导线连接处绝缘层的恢复。

导线与导线的连接处一般称为接头。导线接头的技术要求是：导线接触紧密，不得增加电阻；接头处的绝缘强度，不应低于导线原有的绝缘强度；接头处的机械强度，不应低于导线原有机械强度的80%。

6.3.2.1　导线绝缘层的剥削

绝缘导线塑料绝缘层的剥削通常采用电工刀、钢丝钳或剥线钳来进行，对于规格较大（截面积在 $4mm^2$ 以上）的塑料线或双芯护套线，可用电工刀来剥削绝缘层。具体操作步骤如下：

（1）确定需要剖削的位置。

（2）斜握电工刀，在确定好的剖削线头处，以45°角倾斜切入塑料层。剖削用力需要控制，不能剖削到塑料绝缘层里面的铜芯线。

（3）将电工刀向线端推削，只削去上部塑料绝缘层，同样注意控制用力，不可切入线芯。

（4）将余下的塑料绝缘层向后翻，切掉塑料层，露出铜芯线。

（5）用电工刀将线头处塑料绝缘层切齐。

钢丝钳或剥线钳常用于剖削截面积在 $4mm^2$ 以下电线的绝缘层。用钢丝钳剖削的方法是：在需要剖削的线头根部，用钢丝钳的钳口适当用力（以不损伤芯线为度）钳住绝缘层；然后左手拉紧导线，右手握住钢丝钳头部用力向外勒去塑料绝缘层，如附图 6-3 所示。

剥线钳是专门用来剥线的工具，用于剖削绝缘层是最为方便的。操作方法是把导线放入相应的刃口中（刃口比导线直径稍大），然后用手将钳柄握紧，导线的绝缘层即被割断自动弹出，如附图 6-4所示。

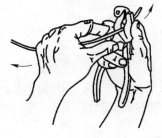 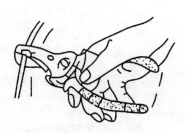

附图 6-3　用钢丝钳剥削绝缘层的方法示意图

附图 6-4　用剥线钳剥削绝缘层的方法示意图

6.3.2.2　铜芯线直接连接

（1）同截面积导线的一字形直接连接，如附图 6-5 所示。连接时，先把两线端×形相交，互相绞合 2~3 圈，然后扳直两线端，将两线端分别在另一线上紧密地缠绕 5~6 圈。将多余的线头剪去，要使端部紧贴导线，并去掉切口毛刺。

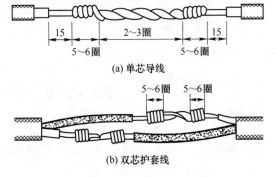

(a) 单芯导线

(b) 双芯护套线

附图 6-5　同截面积导线的一字形连接示意图

（2）不同截面积导线的一字形直接连接，如附图6-6所示。连接时，按附图6-6(a)～(d)的顺序操作即可。

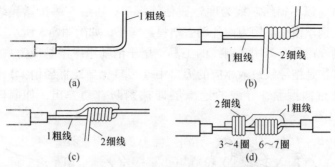

附图6-6　不同截面积导线的一字形直接连接示意图

（3）软线与单股导线的连接，如附图6-7所示。将软线的线芯在单股导线上缠绕7～8圈，再把单股导线的线芯向后弯曲压实。

附图6-7　软线与单股导线的连接示意图

（4）对于较大截面积（6mm² 及以上）的单芯直线连接，采用单芯直线缠绕，方法是将两线相互并合，加辅助线后，如附图6-8（a）所示。用绑线在并合部位中间向两端缠卷（即公卷），长度为导线直径的10倍，然后将两线芯端头折回，在此向外再单卷五回与辅助线捻绞两回，如附图6-8（b）所示。

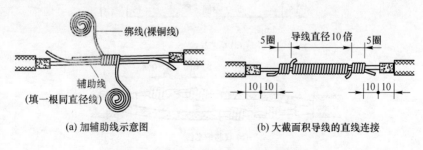

附图6-8　单芯导线缠绕绑绞连接示意图

（5）多芯铜线缠绕绑绞直线连接。方法是先剥去导线两端绝缘层，然后把多芯线打开，把中心线切短，将导线逐根拉直，并用细砂纸清除氧化膜，再把两头多线芯顺序交叉插进去成为一体，加辅助线一根（1.5mm² 的裸铜线）做绑线。在导线连接线中部，用绑线中间开始向两端分别缠卷，其长度为导线直径10倍，余线与其中一根连接线芯捻绞两回，余线剪断，如附图6-9所示。

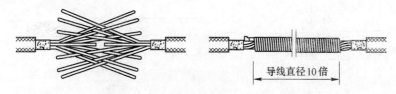

附图6-9　多芯铜线缠绕绑绞连接示意图

6.3.2.3　铜芯线分支连接

（1）单芯导线的分支连接，如附图6-10所示。连接时，要把支线芯线线头与干线芯线十字相交，使支线芯线根部留出约3～5mm。较小截面积芯线按附图6-10（a）所示方法先环绕成结状，再把支线线头抽紧扳直，紧密地并缠6～8圈，然后剪去多余芯线，去掉切口毛刺。较大截面积芯线绕成结状后不易平服，可在绞接处先用手将支线在干线上粗绕1～2圈，再用钢丝钳紧密绕5圈，如附图6-10（b）所示，将余线割掉；或直接用钢丝钳密绕5圈，然后剪去多余芯线。

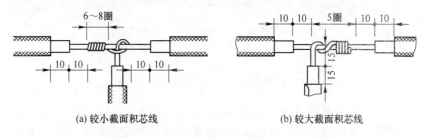

(a) 较小截面积芯线　　　　　　　(b) 较大截面积芯线

附图6-10　导线的分支连接绞接接法示意图

（2）多股导线与单股导线的连接，如附图6-11所示。先在多股导线的一端，用螺钉旋具将多股导线分成两组，如附图6-11（a）所示；然后将单股导线插入多股导线芯，但不要插到底，应距绝缘切口留有 5mm 的距离，以便于包扎绝缘，如附图 6-11（b）所示；再后将单股导线按顺时针方向紧密缠绕 10 圈，绕后切断余线，锉平切口毛刺，如附图 6-11（c）所示。

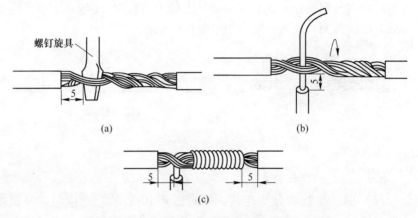

附图 6-11　多股导线与单股导线的连接示意图

（3）对于较大截面积（6mm² 及以上）的单芯线分支连接。单芯线 T 形分线缠绕是将分支导线折成 90°紧靠干线，其公卷长度为导线直径 10 倍，再卷 5 圈，如附图 6-12 所示。

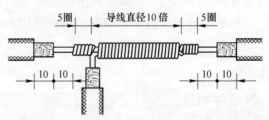

附图 6-12　大面积单芯导线缠绕绑绞分支连接示意图

（4）对多芯铜线分支接法也可采用缠绕绑绞连接。多芯铜导线分线缠绕线方法是将分线折成 90°靠紧干线，在绑线端部相应长度处弯成半圆形，将绑线短端弯成与半圆形成 90°，与分接线靠紧，用长端缠卷；长度达到导线结合处直径 5 倍时，将绑线两端部捻绞 2 回，剪掉余线，如附图 6-13 所示。

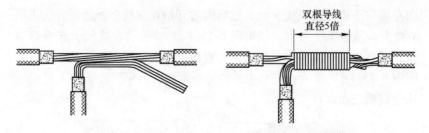

附图6-13 多芯导线缠绕绑绞分线连接示意图

6.3.2.4 绝缘层的恢复

A 绝缘胶带法

（1）直线连接后的绝缘包扎。在距绝缘切口两根带宽处起，先用自粘性橡胶带绕包缠至另一端，以密封防水，如附图6-14（a）所示。包缠绝缘带时，绝缘带应与导线成45°~55°的倾斜角度，每圈应重叠1/2带宽缠绕，如附图6-14（b）所示；再用黑胶布从自粘胶带的尾部，按另一斜叠方向包缠一层，也是要每圈重叠1/2的带宽；若导线两端高度不同，最外一层绝缘带应由下向上包缠。

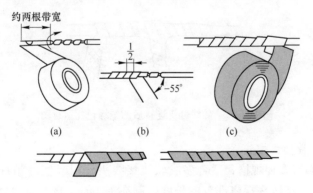

附图6-14 直线连接后的绝缘包扎示意图

（2）导线分支连接后的绝缘包扎。在主线距绝缘切口两根带宽处开始起头，先用自粘性橡胶带绕包，便于密封防止进水，如附图6-15（a）所示；包扎到分支线处时，用一只手指顶住左边接头的直角处，使胶带贴紧弯角处的导线，并使胶带尽量向右倾斜缠绕，如附图6-15（b）所示；当缠绕右侧时，用手顶住右边接头直角处，胶带向左缠与下边的胶带成×状，然后向右开始在支线上缠绕，方法类同直线并应重叠1/2带宽，如附图6-15（c）所示；在支线上包缠好绝缘，回到主干线接头处，贴紧接头直角处再向导线右侧包扎绝缘，如附图6-15（d）所示；包至主线的另一端后，再用黑胶布按上述的方法包缠黑胶布即可。

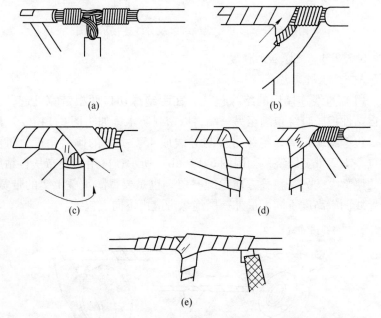

(a)

(b)

(c)

(d)

(e)

附图6-15　导线分支连接后的绝缘包扎示意图

B　带接线帽法

线帽有多种规格，适合多股软线接线头使用（实际情况硬线上也在用）。将线头裸露部分的长度控制在1.5cm，套上线帽后用老虎钳在线帽内铜圈位置钳压即可。

C　穿热缩管法

可备用 $\phi5\sim8\,mm$ 之间各种规格的热缩管，用它替代电工绝缘胶带，比用绝缘胶带的接头密封、绝缘，外观干净、整洁，非常适合家庭应用。如上面导线焊接后，就可用热缩管作多层绝缘，即在接线前就将大于裸线段4cm合适规格的热缩管各端穿上，接线后先移套上裸线段，用家用热吹风机（或打火机）热缩，冷却后再将另一段穿覆上去热缩。若是接线头，头部热缩后可用尖嘴钳钳压封口。

6.3.3　导线线头与接线柱的直接连接

电器设备接线柱有针孔式、螺钉式（平压式）和瓦形式3种。

6.3.3.1　导线线头与针孔式接线柱的连接

针孔式接线柱通常用黄铜制成矩形方块，端面有导线承接孔，顶面有压紧导线的螺钉。当导线端头芯线插入承接孔后，再拧紧压紧螺钉，就实现了两者之间的电气连接，即依靠位于针孔顶部的压紧螺钉压住线头来完成连接。电流容量较小的接线柱有1个压紧螺钉，电流容量较大的接线柱有两个压紧螺钉。

单股芯线线头与针孔式接线柱的连接如附图6-16所示。通常情况下，芯线直径都小于针孔直径，可直接插入承接孔：当芯线直径小于承接孔直径的2倍时，可把线头的芯线折成双根（单股线端直接插入孔内，芯线会被挤在一边）并列状后，并以水平状插入承接孔，以能使并列面来承受压紧螺钉的顶压。因此，芯线线头的所需长度应是两倍孔深。如附图6-16（a）所示。

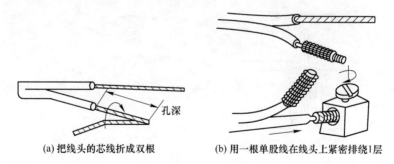

(a) 把线头的芯线折成双根　　　(b) 用一根单股线在线头上紧密排绕1层

附图6-16　单芯线线头与针孔式接线柱的连接示意图

芯线端头必须插到孔的底部。若绝缘层剥去太少，部分绝缘层被插入孔内，接触面积被占据；若绝缘层剥去太多，孔外芯线裸露太长，影响安全用电。

凡有两个压紧螺钉的，应先拧紧靠近孔口的那个，再拧紧靠近孔底的那个。若先拧紧近孔底的那个，万一孔底较浅，芯线端头处于压紧螺钉端头球部，这样当螺钉拧紧时，就容易把线端挤出，造成空压。

多股芯线线头与针孔式接线柱的连接，必须把多股芯线按原拧紧方向进一步绞紧。由于多股芯线的载流量较大，针孔上往往有两个压紧螺钉，连接时应先拧紧靠近端部的一个螺钉，再拧紧另外一个螺钉。当芯线直径与针孔大小相匹配时，把芯线绞紧后插入针孔；针孔过大时，可用一根单股线在已绞紧的芯线线头上紧密排绕 1 层，如附图 6-16 （b） 所示；针孔过小时，可把多股芯线剪掉几根，7 股线剪去中间 1 根，19 股芯线剪去中间 1~7 根，然后绞紧进行连接。

直导线与针孔螺钉的连接方法如附图 6-17 所示。先按针孔深度的两倍长度，再加上 5~6mm 的芯线根部富余度，剥离导线连接点的绝缘层；然后在剥去绝缘层的芯线中间折成双根并列状态，并在两线根部反向折成 90° 转角；再把双根并列的芯线端头插入针孔，并拧紧螺钉。

6.3.3.2　导线线头与平压式接线柱的连接

单股导线线头与平压式接线柱的连接，通常利用圆头螺钉的平面进行压接，且中间多数不加平垫圈，如灯座、灯开关和插座等都采用这种结构，其连接方法如附图 6-18 所示。

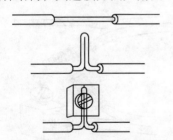

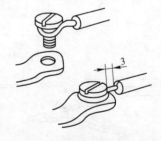

附图 6-17　直导线与针孔螺钉的
连接方法示意图

附图 6-18　单股导线线头与平压式接
线柱的连接示意图

在照明干线或一般容量的电力线路中，截面积不大于 16mm² 的 7 股绝缘硬线，可采用将压接圈套入接线柱螺栓的方法进行连接。但 7 股线压接圈的制作必须正规，切不可把 7 股芯线直接缠绕在螺栓上。

6.3.3.3　导线线头与瓦形（或桥形）接线柱的连接

为防止线头脱落，在连接时把线芯按附图 6-19 （a） 所示方法处理；若有两个线头时，应按附图6-19（b）所示方法处理。

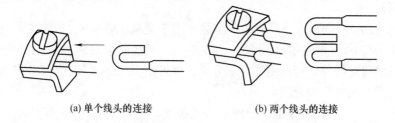

(a) 单个线头的连接　　　　　　　　(b) 两个线头的连接

附图6-19　导线线头与瓦形接线柱的连接示意图

6.4　低压断路器及其安装

低压断路器又叫空气开关，其功能相当于刀开关、熔断器的组合，既可手动又可电动分合电路，且可对电路或用电设备实现过载、短路和欠电压等保护。断路器都装有灭弧装置，因此，它可以安全地带负载合闸与分闸。

低压断路器种类较多，按用途分有保护电动机用、保护配电线路用、保护照明线路用、剩余电流保护用；按结构形式分有万能式和塑料外壳式断路器；按极数分有单极、双极、三极和四极断路器。

6.4.1　家用断路器

家用断路器通常指额定电压在500V以下、额定电流在100A以下的小型低压断路器。这一类型断路器体积小、安装方便、工作可靠，适用于照明线路，广泛用于商业、高层建筑和民用住宅等各种场合，逐渐取代开启式负荷开关。

（1）DZ47-63系列小型塑料外壳式断路器。它是目前流行的具有过载与短路双重保护的高分断能力的小型断路器，适用于交流50Hz，单极230V，二、三、四极400V，电流至63A的线路中作过载和短路保护，同时也可以在正常情况下不频繁地通断电器装置和照明电路，尤其适用于作为商业和高层建筑的照明配电开关。按用途，它可分为DZ47-63C型、DZ47-63D型两种。

断路器动触头只能停留在合闸（ON）位置或分闸（OFF）位置。

多极断路器为单极断路器的组合，动触头机械联动，各极同时闭合或断开。

DZ47-63 型带分励脱扣断路器适用于交流 50/60Hz、额定工作电压为 230V、额定电流至 63A 的线路中，对线路起过载和短路保护，同时可对线路进行远距离控制分断，也可作为线路的不频繁操作转换之用。其外形如附图 6-20 所示。

（2）NB1-63H 型高分断小型断路器。适用于交流 50/60Hz、额定电压 400V 及以下、额定电流至 63A 线路的过载和短路保护之用，也可以在正常情况下作为线路的不频繁操作转换之用。断路器适用于工业、商业、高层和民用住宅等各种场所。其外形如附图 6-21 所示。

（3）DZ158-100 型小型断路器，具有外形美观小巧、重量轻、性能优良可靠、分断能力较高、脱扣迅速、导轨安装、壳体和部件采用高阻燃及耐冲击塑料、使用寿命长等优点，主要用于交流 50Hz 单极、两极 230/400V，三、四极 400V 线路的过载、短路保护，同时也可以在正常情况下不频繁地通断电器装置和照明线路。其外形如附图 6-22 所示。

附图 6-20　DZ47-63 断路器

附图 6-21　NB1-63H 断路器

附图 6-22　DZ158-100 断路器

6.4.2　剩余电流断路器

剩余电流断路器具有断路器和漏电保护的双重功能，在正常条件下接通、承载和分断电流；以及在规定条件下，在设备漏电或人身触电时，当剩余电流达到一个规定值时，使触头断开，迅速断开电路，保护人身和设备的安全。因而使用十分广泛。

　　剩余电流断路器一般分为单相家用型和工业型两类。漏电保护有电磁式电流动作型、电压动作型和晶体管或集成电路电流动作型等。其中家用型 DZ47LE 系列剩余电流断路器由 DZ47 小型断路器和漏电脱扣器拼装组合而成，适用于交流 50Hz 额定电压至 400V，额定电流至 32A 的线路中，作剩余电流保护之用。当有人触电或电路泄漏电流超过规定值时，剩余电流断路器能在极短的时间内自动切断电源，保障人身安全和防止设备因发生泄漏电流造成的事故。DZ47LE-32 型剩余电流断路器外形如附图 6-23 所示。

附图 6-23　DZ47LE 系列剩余电流断路器

6.4.2.1　使用 DZ47LE 系列剩余电流断路器时的注意事项

　　（1）DZ47 断路器与剩余电流脱扣器拼装成剩余电流断路器后方可通电试验，否则将烧坏内部器件。

　　（2）在通电检查试验前，应根据电路图分清电源端和负载端。电源端由断路器 N、1、3、5 端子引入；负载端由剩余电流脱扣器 N、2、4、6 端子接出，不可接错。辅助电源由断路器两侧端子引入，接通辅助电源后，剩余电流脱扣器才能正常工作。

　　（3）剩余电流断路器因被控制电路发生故障而分闸后，需查明原因，排除故障。因剩余电流动作后剩余电流指示按钮凸起，按下指示按钮后方可合闸。

　　（4）剩余电流断路器安装运行后，要定期检测其剩余电流保护特性，通常每月检测一次。按下试验按钮时，剩余电流脱扣器应立即动作脱扣，则可确认断路器工作正常。

　　（5）剩余电流断路器仅对负载侧接触相线或带电壳体与大地接触进行保护，但是对同时接触两相线的触电不能保护，请注意安全用电。

6.4.2.2　剩余电流断路器的安装及测试

　　安装剩余电流断路器时，应注意以下事项：

　　（1）剩余电流断路器的安装应根据所需的场合，选用合适的型号。因为各厂商生产的剩余电流断路器结构各有差异，因此安装前应认真仔细地阅读产品使用说明书，防止接错线或装错。

（2）剩余电流断路器应安装在通风干燥，可避免振动、雨淋、灰尘和有害气体侵蚀的场所。对组合式剩余电流断路器，其零序电流互感器不能摔跌和敲击，并且安装时应离开外磁场源和大电流回路20cm以上。

（3）组合式剩余电流断路器的剩余电流互感器的穿线。电流型和普通脉冲型穿两根以上导线时，应按同一方向整理成一束穿过互感器；鉴相鉴幅型穿线具有方向性，导线穿过互感器的方向应与电流方向相同，不得穿反。

（4）为保证剩余电流断路器的正常运行，安装后应首先测试其动作，合格后再投入运行。

剩余电流断路器的接线如附图6-24所示。

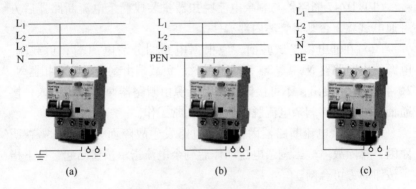

附图6-24　剩余电流断路器的接线图

（a）在TT系统中的接线；（b）在TN-C系统中的接线；（c）在TN-S系统中的接线

6.5　开关与插座的安装

6.5.1　开关的类型与选择

6.5.1.1　开关的类型

开关的作用是接通和断开电路。照明线路常用的开关有扳把开关、平开关（跷板式开关）等。在住宅的楼道等公共场所，为了节约用电、方便使用，还安装了延时开关（如按钮式延时开关、触摸开关、楼道声控开关等），以使人员离开后，开关能自动断电，灯自动熄灭。

开关根据安装形式分为明装式和暗装式，明装式有扳把开关等类型，暗装式多采用平开关。开关按其结构分为单极开关、双极开关、三极开关、单控开关、双控开关、多控开关以及旋转开关等。

开关的规格一般以额定电压和额定电流表示。通常根据所控回路的最大工作电流和额定电压来选择开关。开关还可根据需要制成复合式开关，如能够随外界光线变化而接通和断开电源的光敏自动开关，用晶闸管或其他元器件改变电压以调节灯光亮度的调光开关和可定时通断的定时开关等。

（1）平开开关。平开开关的离地面安装高度应不小于 1.3m。暗装式平开开关面板如附图 6-25 所示，双极单控开关底面接线端如附图 6-26 左所示，双极双控开关底面接线端如附图 6-26 右所示。暗装式平开开关用分线盒做底座。

附图 6-25　平开开关面板

（2）调光、调速开关。调光、调速开关多用于控制台灯、床头灯与电风扇，如附图 6-27 所示。调光、调速开关由晶闸管等电子元器件组成，其工作原理是控制用电负载的电流大小，达到调光、调速的目的。安装时要分清相线（火线）的进线端与出线端。具体参见第 1 篇项目 5。

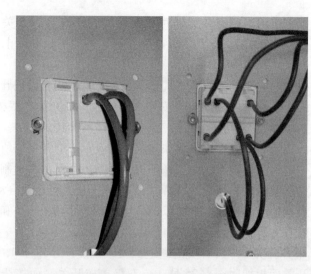

附图6-26　平开开关底面接线端

附图6-27　调光、调速开关

6.5.1.2　开关的选择

　　开关的选择除考虑式样外，还要注意电压和电流。照明供电的电源为220V，应选择电压为250V级的开关。开关额定电流的选择由负载（电灯和其他家用电器）的电流来决定。用于普通照明时，可选用2.5～10A的开关；用于大功率负载时，应计算出负载电流，再按2倍负载电流的大小选择开关的额定电流。如果负载电流很大，选择不到相应的开关，则应用低压断路器或开启式负荷开关。

（1）明装式开关。明装式开关多为扳把开关。

（2）暗装式开关。暗装式开关嵌装在墙壁上与暗线相连接，既美观，又安全。安装前，必须把电线、接线盒预埋在墙内，并把导线从接线盒的电线孔穿入。我国新近设计、生产的86mm系列电气装置件是室内暗装开关接线盒的最佳选择。该系列部分暗装开关底座外形如附图6-28所示。

附图6-28　暗装式开关底座外形

6.5.2　普通开关的安装

暗装时，应装设附图6-28所示的专用安装盒，一般是先行预埋，再用水泥砂浆填充抹平；接线盒口应与墙面粉刷层平齐；等穿线完毕后再安装开关，其盖板或面板应端正紧贴墙面。

开关安装的一般要求：

（1）开关结构应适应安装场所的环境，如潮湿环境应选用瓷质防水开关，多粉尘的场合应选用密闭开关。应结合室内配线方式选用开关类型。

（2）开关的额定电流不应小于所控电器的额定电流，开关的额定电压应与受电电压相符。开关的绝缘电阻不应低于2MΩ，耐压强度不应低于2000V。

（3）开关的操作机构应灵活轻巧，其动作由瞬时转换机构来完成。触点应接触可靠，除拉线开关、双投开关外，触点的接通和断开，均应有明显标志。

（4）单极开关应串联在通往灯头的相线上，不应串接在零线回路上，这样当开关处于断开位置时，灯头及电气设备上不带电，以保证检修或清洁时的人身安全。另外，住户卧室内严禁装设床头开关。开关的带电部件应使用罩盖封闭在开关内。

（5）开关通常装在门左边或其他便于操作的地点。拉线开关离地面高度一般为 2.2～2.8m，离门框距离一般为 150～200mm；若室内净高低于 3m，离天花板 200mm。扳把开关离地面高度一般为 1.2～1.4m，离门框距离一般为 150～200mm。

（6）暗装式开关的盖板应端正、严密，表面与墙面齐平。

6.5.3　插座的类型

在室内外用电场所，很大一部分用电设备是可移动的。例如，用于生活的电风扇、电熨斗、洗衣机、电冰箱、电视机和台灯等，用于生产的电烙铁、电钻、电焊机、小型电炉和电烘箱及小型脱粒机、粉碎机等。可移动的用电设备，其电源必须通过插头从插座中引取，连接方便，不许用固定的方法在线路上直接引取。插座的作用是为移动式照明电器、家用电器或其他用电设备提供电源。

为了保证使用者的安全，要求插座牢固、美观、实用、整齐、统一。插座的规格一般以额定电流和工作电压表示。其型号、规格应根据用电设备的工作环境和最大工作电流、额定电压来选择。

插座有明装插座和暗装插座之分，有单相两孔式、单相三孔式和三相四孔式，有一位式（一个面板上一只插座）、多位式（一个面板上 2～4 只插座），有扁孔插座、扁孔和圆孔通用插座，有普通型、防溅型等。三相四孔式插座用于商店、加工场所等三相四线制动力用电，电压规格为 380V，电流等级分为 15A、20A、30A 等几种，并设有接地（接零）保护桩头，用来接保护地线（零线），以确保用电安全。家庭供电为单相电源，所用插座为单相插座，分为单相两孔插座和单相三孔插座，后者设有接地（接零）保护桩头。单相插座的电压规格为 250V。

暗装插座和开关常选择 86 系列电气装置件，外形采用平面直角，线条横竖分明、美观大方。部分常用暗装、明装插座的外形与安装孔位如附图 6-29 所示。

该系列开关动、静触片的触点均采用 99.9% 的白银点焊，触点通、断凭压力弹簧的瞬时动作来完成，极为敏捷、可靠。导电片及插座的接触片材料均采用 H62 黄铜和 QSn6.5-0.4mm 锡青铜，电气性能良好。开关、插座的导电零件全部封装入整个壳体内，使用安全，

附图6-29 常用暗装、明装插座的外形

寿命长。其接线也很简便，只需将导线裸头插入接线柱头小孔内，从边上拧紧压紧螺钉即可。

6.5.4 插座的布置与选择

6.5.4.1 客厅

从家用电器的使用情况可以发现，弱电（电视机、电话机两孔插座）插座位置一旦确定，那么强电（电源）插座的位置就相应确定。强电与弱电插座的水平距离以大于 0.5m 为宜，如果距离太近，强电对弱电信号会产生电磁干扰，影响收看效果。彩电、音响是必须摆在一起的，彩电既需要电视信号插座，也需要电源插座。彩电、音响都是两孔插头，共需要 2 组（每组 2 个两孔插座）插座。彩电、音响的对面一般是沙发、茶几，在此部位需设一个电话插座，2 组电源多用插座（用于落地台灯、石英电暖炉）。客厅其他墙上，视情况而定布置 1 或 2 个多用插座，作为备用。综上所述，在现代住宅客厅中，强电插座需要 7~9 组，弱电插座至少需要 2 组，方能满足人们生活的实际需求。

客厅插座安装高度大部分是底边离地面高度为 0.3m 或 1.4m。底边离地面高度为 0.3m 的缺点是：住户用装饰板进行墙裙装修时，需在墙上打龙骨架，必须将插座移出来固定在龙骨架上，否则会被装饰板盖住，如果在装饰板上开个口子露出插座，很不美观，也给装修带来不便；另外，插座会被低柜挡住，插、拔插头很不方便，且低柜不能紧靠墙壁，要留出插、拔插头的空间，也不美观。底边离地面高度为 1.4m 的缺点是：住户装修墙裙一般是 1m 高，插座底边离墙裙顶的距离是 0.4m，显得不协调，影响美观。因此，客厅插座底边离地面高度 1m 较为合适。另外，小于 20m² 的客厅，空调器一般采用壁挂式，那么这个空调器插座底边离地面高度为 1.8m。如客厅大于 20m²，采用柜机，插座离地面高度为 1m。客厅插座容量选择的要求是：空调器选用 15A 两孔插座，其余选用 10A 的多用插座。

6.5.4.2　卧室

卧室主要的家用电器有电话、电视机、空调器、桌前台灯、落地台灯、床头台灯、落地电风扇、电热毯等。确定床的位置是卧室插座布置的关键。一般双人床都是摆在房间中央，一头靠墙，双人床宽一般为 1.5 ~ 1.8m。那么，床头两边应各设一组（两、三孔）多用电源插座，以供床头台灯、落地电风扇及电热毯之用。床头并设一个电话插座，床头的对角（指窗户方向）设一个电视机插座及一组多用电源插座，以供睡前欣赏电视或插桌前台灯之用。靠窗前的侧墙上设一个空调器电源插座，其他适当位置设一组多用电源插座，作备用。共设强电插座 4 ~ 5 组，弱电插座 2 组。住户在卧室装修中，用装饰板搞墙裙的比较少，故建议空调器电源插座底边离地面高度为 1.8m，其余强、弱电插座底边离地面高度为 0.3m。空调器电源选用 15A 三孔插座，其余选用 10A 两、三孔多用插座。

6.5.4.3　厨房

厨房是人们制作饭菜的地方，家用电器比较多，主要有电冰箱、电饭煲、排气扇、消毒柜、电烤箱、微波炉、洗碗机、壁挂式电话机等。根据给排水设计图及建筑厨房布置大样图，确定污水池、炉台及切菜台的位置。在炉台侧面布置一组多用插座，供排气扇用，在切菜台上方及其他位置均匀布置 6 组三孔插座，容量均为 10A。厨房门边布置电话机插座一个，以上插座底边离地面均为 1.4m。

6.5.4.4　卫生间

卫生间是人们洗澡、洗脸、刷牙、梳头、洗衣服的地方，比较潮湿，家用电器有排气扇、电暖炉、电热水器等。1 个 10A 多用插座供排气扇用，2 个 15A 三孔插座供电暖炉、电热水器用，插座底边离地面高度均为 1.8m，尽量远离淋浴器，必须采用防溅型插座。

6.5.5 插座的安装

6.5.5.1 插座安装的一般要求

（1）插座的额定电压必须与受电电压相符，其额定电流不应小于所控电器的额定电流。

（2）插座型号应根据所控电器的防触电类别来选用。从接线孔形状分，有圆孔插座和扁孔插座。由于圆孔插座不具备必要的安全性，目前已停止生产，现有者也禁止使用。

普通插座应安装在干燥、无尘的地方。插座安装应牢固，明装插座要安装在木台板上，并且要用两只木螺钉固定。

（3）插座的安装方向和接线

1）单相双孔插座应水平并列安装，如附图 6-30（a）所示，不许垂直安装。面对插座，右侧孔眼接线柱接相线，左侧孔眼接线柱接中性线（零线）。

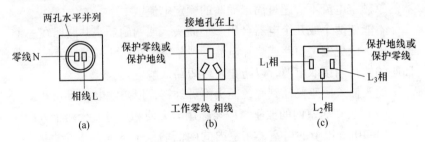

附图 6-30　插座的安装和接线

2）单相三孔插座的接地孔（较粗的一个孔）应置于顶部，如附图 6-30（b）所示，不许倒装或横装。面对插座，上方孔眼（有接地标志）在 TT 系统中接接地线，在 TN-C 系统中接保护中性线；右侧孔眼接相线；左侧孔眼接中性线。新建的居民宿舍，在设计及施工时应考虑安全需要，安装带接地（或接零）孔的单相三孔插座。

3）三相四孔插座的接地孔（较粗的一个孔）置于顶部，如图

6-30（c）所示，不许倒装或横装。面对插座，上方孔眼（有接地标志）在 TT 系统、IT 系统中接接地线，在 TN-C 系统中接保护中性线，相线则是由左侧孔眼起分别接 L_1、L_2、L_3 三相。

凡为携带式或移动式电器所用的插座，单相应采用三孔插座，三相应采用四孔插座，其接地孔应与接地线或零线接牢。

（4）由于固定插座始终是带电的，因此明装插座离地面高度不低于 1.4m；暗装插座离地面高度不低于 0.3m；儿童活动场所的插座应采用安全插座，或插座底面离地面高度不低于 1.8m。

（5）同一场所装设的交、直流不同电压的插座，应符合下述规定。

1）交、直流或不同电压的插座，应用不同外形或不同颜色加以区分，以免混淆搞错，同时不同电压的插座应安装在不同的墙面上，且选择的插头和插座均不能互相插入。

2）电压较高的插座应装在上层，离地面高度不应低于 1.8m；安全电压供电的插座，应采用安全型插座，可装在离地面高度为 0.3m 处。同一场所的插座安装高度应相同，否则影响美观。

（6）一个插座应控制一台电器。如果用 1 个插座控制多台电器，可用插座转换器转接。转换器转接的插座个数不得超过 4 个，所接电器的总额定电流不应超过固定插座的额定电流。

不能使两个或几个电器合用一个插头，或两副插头共插在一个插座内，以免发生短路或烧坏电器。严禁将电源引线的线头直接塞在插座的插孔内接取电源，以防止发生短路或触电。

插头插入插座要插到底，插头不可外露，以防触电。

（7）装在居室内的插座，应兼顾用电方便和用电安全两个方面。

1）$10m^2$ 以上的居室，在室内的两面墙壁上各安装 1 个两孔、1 个三孔插座。

2）$10m^2$ 以下的居室，一般在墙上装 1 个两孔和 1 个三孔插座。两孔插座用于接 II 类电器，即双重绝缘或加强绝缘的电器；三孔插座用于接 I 类电器，即电器的外壳导电部分需作保护接地或接保护中性线。

（8）应经常检查插头和插座是否完好，插头或插座的接线是否松动。发现插头和插座损坏后，应及时更换。

（9）供电冰箱、空调器、电热器等大功率电器用的插座电源线，宜与照明灯具电源线分开敷设，其插座不宜与其他电器共用。电源线要由配电板（箱）或粗干线（如 2.5mm² 铜芯线）单独引出，所用导线截面积，一般铜芯线不小于 1.5mm²，铝芯线不小于 2.5mm²。

6.5.5.2　插座的安装

A　明装插座的安装

插座分明装和暗装。明装时插座的固定与挂线盒的安装一样，先固定木台，然后将插座用木螺钉拧在木台上；暗装插座要预埋接线盒，然后将插座固定在接线盒上。木台、接线盒的固定用膨胀螺栓。三孔明装插座的安装，如附图 6-31 所示。

（1）将剥去两端绝缘层的三芯导线固定在墙上。

（2）同附图 6-30 两孔插座安装。

（3）相线接右边接线柱，零线接左边接线柱，地线接上端接线柱，如附图 6-30 所示。

附图 6-31　三孔明装插座的安装

B　暗装插座的安装

暗装插座结构如附图 6-32 所示。其安装步骤如下：

附图 6-32　三孔暗装插座的结构

（1）在已预埋入墙中的导线端的安装位置上按暗盒的大小凿孔，并凿出埋入墙中的导线管走向位置。将管中导线穿过暗盒后，把暗盒及导线管同时放入槽孔中，用水泥砂浆填充固定。暗盒应安放平整，不能偏斜。

（2）将已预埋入墙中的导线剥去 15mm 左右绝缘层后，接入插座接线柱中，拧紧螺钉。

（3）将插座用平头螺钉固定在开关暗盒上，压入装饰钮，如附图 6-33 所示。

暗盒　　　安装螺丝钉　　安装架　　　　盖板

附图 6-33　三孔暗装插座的安装

附录 7　常用控制电器和保护电器

7.1　自动空气断路器

自动空气断路器简称断路器，是常用的低压保护电器。它可以分别实现过电流保护、欠电压保护和过电压保护。自动空气断路器的主要部件有动触头、静触头、灭弧室、脱扣装置及操作机构。

附图 7-1（a）是过电流保护自动空气断路器的原理图。当电磁铁绕组中电流超过设定值或发生短路时，电磁铁吸合衔铁，并带动牵引杆推开锁钩，拉杆在弹簧牵引下将主触头断开，从而起到过电流保护作用。当需要将自动空气断路器复位时，可利用手动按钮复位。

附图 7-1（b）是欠电压保护自动空气断路器的原理图。其工作原理与过电流保护自动开关基本相同，也是利用电磁脱扣的原理，当电压正常时，衔铁被吸合，主触头闭合；电压过低或失压时，衔铁被释放，使得主触头断开，从而切断电路。

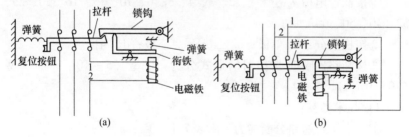

附图 7-1　自动空气断路器原理图

（a）过电流保护自动空气断路器原理图；（b）欠电压保护自动空气断路器原理图

自动空气断路器的选用主要考虑以下几个方面：

（1）额定电压：不得低于实际工作电压。

（2）额定电流：保护线路的额定电流。

（3）额定漏电动作电流：必须动作的电流。

（4）极数：不应小于被控电路的路数。

（5）防护形式与几何尺寸：根据环境要求和控制特点，合理选择。

例附7-1　国产正泰 DZ47-60 系列

（1）DZ47-60 小型断路器，适用于照明配电系统（C 型）或电动机的配电系统（D 型）。主要用于交流 50/60Hz，额定电压至 400V，额定电流至 60A 的线路中起过载、短路保护，同时也可以在正常情况下不频繁地通断电器装置和照明线路。

（2）外观、型号及意义，如附图7-2所示。

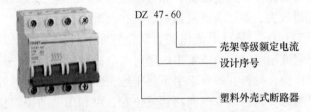

DZ 47 - 60
　　壳架等级额定电流
　设计序号
塑料外壳式断路器

附图7-2　DZ47-60 断路器外观及型号表示

（3）主要参数及技术性能

1）主要规格：

①按额定电流 I_n 分：1、2、3、4、5、6、10、15、16、20、25、32、40、50、60A。

②按极数分：a. 单极；b. 二极；c. 三极；d. 四极。

③按断路器瞬时脱扣器的形式分为：C 型（$5 \sim 10I_n$）和 D 型（$10 \sim 16I_n$）。

2）技术参数：

①额定运行短路分断能力见附表7-1。

附表7-1　短路分断能力

额定电流/A	极数	电压/V	通断能力/A
1 ~ 40	1	230/400	6000
1 ~ 40	2、3、4	400	6000
50 ~ 60	1	230/400	4000
50 ~ 60	2、3、4	400	4000

②机械电气寿命：

电气寿命：不低于 4000 次；机械寿命：不低于 10000 次。

③过电流保护特性见附表 7-2。

附表 7-2 过电流保护特性

序号	脱扣器额定电流/A	起始状态	实验电流	规定时间	预期结果	备注
a	1～60	冷态	$1.13I_n$	$t \leqslant 1h$	不脱扣	
b	1～60	紧接着 a 项试验后进行	$1.45I_n$	$t < 1h$	脱扣	
					脱扣	
c	1～32	冷态	$2.55I_n$	$1s < t < 60s$	脱扣	
	40～60	冷态		$1s < t < 120s$	脱扣	
d	1～60	冷态	$5I_n$	$t \leqslant 0.1s$	不脱扣	C 型
e	1～60	冷态	$10I_n$	$t < 0.1s$	脱扣	D 型
f	1～60	冷态	$10I_n$	$t \leqslant 0.1s$	不脱扣	C 型
g	1～60	冷态	$16I_n$	$t < 0.1s$	脱扣	D 型

3）接线规格：适用 $25mm^2$ 以下导线连接，见附表 7-3。

附表 7-3 接线规格

额定电流/A	铜导线标称截面积/mm^2
1～6	1
10	1.5
16、20	2.5
25	4
32	6
40、50	10
60	16

7.2 按 钮

按钮的作用是用来发出信号和接通或断开控制电路。按钮分为动合按钮、动断按钮和复合按钮。如附图 7-3 所示为一个复合按钮的结

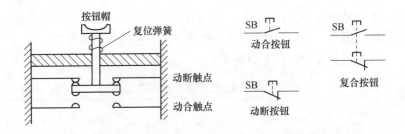

附图 7-3　复合按钮的结构示意图及图形符号

构示意图及按钮的图形符号。

　　按钮的工作过程：当用力压下按钮帽时，复位弹簧被压缩，动断触点先断开，动合触点后闭合；当松开按钮帽时，在复位弹簧作用下，按钮又恢复到常态。

　　通常根据使用场合、触点数目、种类以及按钮的颜色来选择按钮。一般来说，停止按钮选用红色，看起来显眼，以免误动作。启动按钮选用绿色。

　　选择按钮时，应根据控制要求确定所需触头数目、是否需要复位；根据使用场合与环境，确定按钮的结构形式（元件式、保护式、防水式、钥匙式和带指示式等）和颜色。

　　例附 7-2　国产正泰 LAY3 系列

　　（1）LAY3 系列按钮适用于交流 50Hz 或 60Hz，电压至 380V 及直流电压至 220V 的电磁启动器、接触器、继电器及其他电气线路中，作遥远控制之用。

　　（2）型号及意义，见附图 7-4 及附表 7-4。

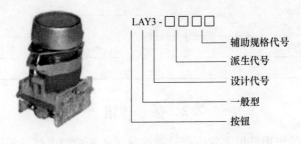

附图 7-4　LAY3 系列型号及意义

附表 7-4 派生代号意义

派生代号	含义	辅助规格代号及含义
无字母	一般式	1、白；2、黑；3、绿；4、红；5、黄；6、蓝
D	带灯平钮	
DN	带氖灯式	
M	蘑菇头式	1、φ35 钮；2、黑；3、绿
ZS	自锁式	2、φ60 钮；4、红
X	旋钮式	2、二位置；2、黑；3、绿
XB	旋柄式	3、三位置；4、红
Y	钥匙式	2、二位置；3、三位置

（3）主要参数及技术性能，见附表 7-5。

附表 7-5 主要参数及技术性能

使用类别	额 定 值		
AC-15	额定电压/V	380	220
	额定电流/A	2.5	4.5
DC-13	额定电压/V	220	110
	额定电流/A	0.3	0.6

注：额定工作电压为交流 380V、直流 220V。

7.3 接 触 器

接触器是利用电磁力来接通和断开大电流电路的一种自动控制电器，广泛应用在电力拖动系统中。

接触器主要结构由电磁装置（包括静铁心、动铁心、线圈）和触头系统组成。附图 7-5 所示是接触器的原理图及符号。当在接触器的电磁线圈中通以额定电流时，静铁心产生电磁力来吸合动铁心；动铁心牵动接触器的动断触头打开、动合触头闭合，同时复位弹簧被拉伸。当接触器的电磁线圈（简称线圈）失电时，电磁力消失，在弹

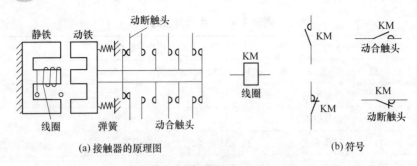

(a) 接触器的原理图　　　　　　　　(b) 符号

附图 7-5　接触器的原理图及符号

簧作用下动铁心复位，动合、动断触头恢复常态。当电网电压过低时，线圈中的电流小于额定值，电磁力不足以克服弹簧的反作用力，动铁心将被释放。它的这一特点可以用于电动机的欠压保护。

接触器的触头根据用途不同，可分为主触头和辅助触头。主触头应承受高电压、大电流，常用于接通或切断主电路。辅助触头一般用来接通和切断控制电路。

接触器的选用，主要考虑以下几个方面：

（1）类型的选择。交流负载应选用交流接触器，直流负载应选用直流接触器。如果整个控制系统中直流负载较小、交流负载较大，也可全部选用交流接触器，只是触头的额定电流应大些。

（2）主触头的额定电压、额定电流不应小于被控线路的实际电压、电流值。

（3）根据控制回路的电压，合理选择接触器吸引线圈的电压。当两者不相等时，可采用变压器进行变压。

（4）接触器触头的数量、种类应能满足控制电路的要求。

例附 7-3　国产正泰 CJX2 系列

（1）CJX2 系列交流接触器（以下简称接触器），主要用于交流 50Hz（或 60Hz），电压至 690V，电流至 95A 的电路中，供远距离接通和分断电路、频繁地启动和控制交流电动机之用，并可与适当的热继电器组成电磁启动器以保护可能发生操作过负荷的电路。

（2）型号及意义，见附图 7-6。

（3）主要参数及技术性能，见附表 7-6。

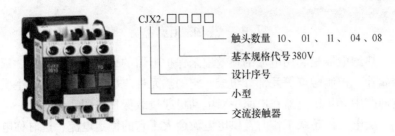

附图 7-6　型号及意义

附表 7-6　主要参数及技术性能

型　号			CJX2-09	CJX2-12	CJX2-18	CJX2-25	CJX2-32	CJX2-40
额定 工作 电流 /A	380V	AC-3	9	12	18	25	32	40
		AC-4	3.5	5	7.7	8.5	12	18.5
	660V	AC-3	6.6	8.9	12	18	21	34
		AC-4	1.5	2	3.8	4.4	7.5	9
额定绝缘电压/V			690	690	690	690	690	690
三相鼠笼电动 机功率/kW	220V		2.2	3	4	5.5	7.5	11
	380V		4	5.5	7.5	11	15	18.5
	660V		5.5	7.5	10	15	18.5	30
电寿命/万次	AC-3		100	100	100	100	80	80
	AC-4		20	20	20	20	20	15
机械寿命/万次			1000	1000	1000	1000	800	800
配熔断器型号			RT16-20		RT16-32	RT16-40	RT16-50	RT16-63
冷压 接头	根		1　2	1　2	1　2	1　2	1　2	1　2
	mm²		1/2.5	1/2.5	1.5/4	1.5/4	2.5/6	6/25
			1/2.5	1/2.5	1.5/4	1.5/4	2.5/6	4/10
交流线 圈功率 （50Hz）	吸合/VA		70	70	70	110	110	200
	保持/VA		9	9	9.5	14	14	57
	功率/W		1.8~2.7	1.8~2.7	3~4	3~4	3~4	6~10
辅助触头基本参数			AC-15：380VA　DC-13：33W					

7.4　热　继　电　器

　　热继电器是利用电流的热效应来保护电器的，主要由热元件、双金属片、控制触点等几部分组成。它的热元件应串联在电动机的主供电回路中。热继电器在电路中对电动机起过载保护作用。

　　当电动机超载工作时，供电电流会大于它的额定电流，这时称电动机处于过载运行状态。过载电流一般尚未达到熔断器的熔断电流，因此短路保护不会动作。处于过载运行状态的电动机，由于过载电流较大又长时间工作，因此将会在电动机绕组之间产生过量的热，导致电动机的绝缘老化，缩短电动机寿命，严重时会损坏电动机，故必须对电动机进行过载保护。如附图 7-7 所示为热继电器的原理图及符号。

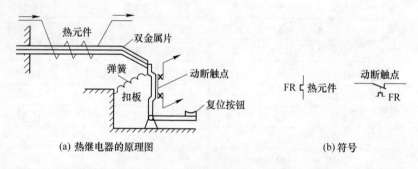

(a) 热继电器的原理图　　　　　　　　　　　　　　(b) 符号

附图 7-7　热继电器的原理图及符号

　　在附图 7-7 中的热元件为一段阻值不大的电阻丝，串联在电动机定子回路中。双金属片是由两种膨胀系数不同的金属叠压而成，下层的金属膨胀系数大，上层的金属膨胀系数小。当电动机的电流超过容许值时，双金属片受热向上弯曲而脱扣，扣板在弹簧拉力作用下将动断触点断开，该动断触点就可以当做切断电动机主供电的控制信号来加以利用。当电动机的过载原因被排除后，用力按下复位按钮，热继电器即可复位。

　　热继电器虽然也用于限制大电流，但不能当做短路保护用。因为热元件的发热、双金属片的变形都需要一定时间，而在这段时间内，短路电流可能已经对电路造成了很大的危害。

热继电器的选用，主要考虑以下几个方面：

（1）根据负载性质选择热继电器的类型。普通负载可选用两相结构的热继电器；对于三角形接法的电动机或三相电源严重不平衡的控制系统，可选用带断相保护装置的热继电器。

（2）热继电器的额定电流、额定电压不应小于工作电流、电压。

（3）热继电器的整定电流一般情况下应等于电动机的额定电流。

附例 7-4 国产正泰 JRS1 系列

（1）JRS1 系列热过载继电器（以下简称热继电器）主要用于交流 50/60Hz、电压至 690V，电流 0.1～80A 的长期工作或间断长期工作的交流电动机的过载与断相保护。热继电器可与接触器接插安装，也可独立安装。

（2）型号及意义见附图 7-8

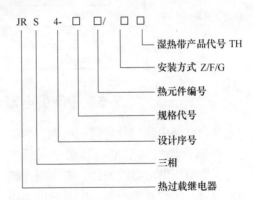

附图 7-8　型号及意义

（3）主要参数及技术性能，见附表 7-7。

附表 7-7　主要参数及技术性能

型　号	JRS1-09-25	JRS1-40-80
电流等级/A	25	80
额定绝缘电压/V	690	690
断相保护	有	有

续附表 7-7

型 号		JRS1-09-25	JRS1-40-80
手动与自动复位		手动	手动
温度补偿		有	有
脱扣指示		有	有
测试按钮		无	无
停止按钮		有	有
辅助触头		1NO + 1NC	1NO + 1NC
AC – 15		1.64	1.64
AC – 15		0.95	0.95
DC – 13		0.2	0.2
安装方式		插入式、独立式	插入式、独立式
导线截面积 /mm²	主回路 单芯	1 ~ 4	4 ~ 25
	主回路 接线螺钉	M4	M8
	辅助回路 单芯	0.5 ~ 2.5	0.5 ~ 2.5
	辅助回路 接线螺钉	M3.5	M3.5

7.5 中间继电器

在控制电路中起信号传递、放大、切换和逻辑控制等作用的继电器称做中间继电器。它属于电压继电器的一种，主要用于扩展触点数量，实现逻辑控制。中间继电器也有交、直流之分，可分别用于交流控制电路和直流控制电路。中间继电器的图形符号和文字符号如附图 7-9 所示，文字符号为 KF。

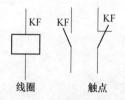

附图 7-9　中间继电器的
图形和文字符号

中间继电器的主要技术参数有额定电压、额定电流、触点对数以及线圈电压种类和规格等，选用时要注意线圈的电压种类和电压等级应与控制电路一致。另外，要根据控制电路的需求来确定触点的形式和数量。当一个中间继电器的触点数量不够用时，也可以将两个中间继电器并联使用，以增加触点的数量。

　　新型中间继电器触点在闭合过程中，其动、静触点间有一段滑擦、滚压过程。该过程可以有效地清除触点表面的各种生成膜及尘埃，减小了接触电阻，提高了接触的可靠性。有的型号还安装了防尘罩或采用密封结构，进一步提高了可靠性。有些中间继电器安装在插座上，插座有多种型号可供选择；有些中间继电器可直接安装在导轨上，安装和拆卸均很方便。

　　选择中间继电器时，应根据控制要求确定所需触头数目，并确定电压和电流的等级。

　　附例7-5　国产正泰JZX-22F系列

　　（1）2Z、3Z、4Z三种触点形式；交/直流规格齐全，安装方式多样；备有各种插座选用，并有带指示灯的规格；认证：CQC 03001003919 UL E205607 CE；同类型号：HH52P(-L)、MY2(N)、JZX-18F(L)、HH53P(-L)、MY3(N)、HH54P(-L)、MY4(N)。

　　（2）型号及意义，见附图7-10。

JZX-22F	(D) /	006	2Z	1	1
↑	↑	↑	↑	↑	↑
继电器	D 带状态指示灯	线圈额定电压 交流	触点形式	引出端形式	安装方式
型号	B 带状态指	直流 5－220V 直流	2Z 二组转换	1PCB 式	1 顶法兰
	示灯及浪涌	交流 6－380V	3Z 三组转换	6 插拔式	2 侧法兰
	M 带隔弧罩		4Z 四组转换		无 标准

附图7-10　JZX-22F系列型号及意义

　　（3）主要参数及技术性能。

1）触点参数，见附表7-8。

附表7-8　触点参数

触点形式	2Z（C）、3Z（C）、4Z（C）
初始接触电阻	100mΩ
触点材料	银合金
触点负载	2Z、3Z：5A；4Z：3A
最大开关电压	250VAC/125VDC
最大开关电流	2Z、3Z：5A；4Z：3A
最大切换功率	2Z、3Z：1100VA/90W
	4Z：660VA/84W
电气寿命/次	1×10^5
机械寿命/次	1×10^7

2）性能和特征参数见附表7-9。

附表7-9　JZX-22F 性能和特征参数

绝缘电阻		100MΩ（500VDC）
介质耐压	异组触点间	1500VAC
	断开触点间	1000VAC
动作时间		≤25ms
释放时间		≤25ms
冲击		加速度100m/s²，脉冲持续时间11ms
振动		双振幅1.0mm，10~55Hz
引出端形式		插拔式，PCB式
外形尺寸		27.5×21.5×35.5mm

参 考 文 献

[1] 夏菽兰，等．电工实训教程［M］．北京：人民邮电出版社，2014．

[2] 孟建平，等．电气图纸的识绘［M］．北京：北京理工大学出版社，2014．

[3] 张福阳．电工电子实训［M］．北京：高等教育出版社，2013．

[4] 流耘．当代电工室内电气配线与布线［M］．北京：机械工业出版社，2013．

[5] 马誌溪．电气工程设计与绘图：工业与民用电气变配电设备成套及绘图识图［M］．北京：中国电力出版社，2007．

[6] 赵虹．电工电子技术实践教程［M］．北京：化学工业出版社，2011．

[7] 肖俊武．电工电子实训［M］．北京：电子工业出版社，2012．

[8] 于德水，单薏，陈才．电工电子实训教程［M］．哈尔滨：哈尔滨工业大学出版社，2012．

[9] 叶水春．电工电子实训教程［M］．北京：清华大学出版社，2004．

[10] 陈世和．电工电子实训教程［M］．北京：北京航空航天大学出版社，2011．

冶金工业出版社部分图书推荐

书 名	作 者		定价（元）
自动控制原理（第4版）（本科教材）	王建辉	主编	18.00
自动控制原理习题详解（本科教材）	王建辉	主编	18.00
热工测量仪表（第2版）（国规教材）	张 华	等编	46.00
自动控制系统（第2版）（本科教材）	刘建昌	主编	15.00
自动检测技术（第3版）（本科教材）	王绍纯	等编	45.00
机电一体化技术基础与产品设计 （第2版）（国规教材）	刘 杰	主编	46.00
轧制过程自动化（第3版）（国规教材）	丁修堃	主编	59.00
电路与电子技术实验指导书（本科教材）	孟繁钢	主编	13.00
现代控制理论（英文版）（本科教材）	井元伟	等编	16.00
电气传动控制技术（本科教材）	钱晓龙	等编	28.00
工业企业供电（第2版）	周 瀛	等编	28.00
冶金设备及自动化（本科教材）	王立萍	等编	29.00
单片机接口与应用（本科教材）	王普斌	编著	40.00
热工过程控制系统实验教程（本科教材）	蔡培力	主编	18.00
机电一体化系统应用技术（高职教材）	杨普国	主编	36.00
工厂电气控制技术（高职教材）	刘 玉	主编	27.00
热工仪表及其维护（第2版） （技能培训教材）	张惠荣	主编	26.00
炼钢厂自动化仪表现场应用技术 （技能培训教材）	张志杰	主编	40.00
冶金过程自动化基础	孙一康	等编	68.00
冶金原燃料生产自动化技术	马竹梧	编著	58.00
连铸及炉外精炼自动化技术	蒋慎言	编著	52.00
热轧生产自动化技术	刘玠	等编	52.00
冷轧生产自动化技术	刘玠	等编	52.00
冶金企业管理信息化技术	漆永新	编著	56.00
冷热轧板带轧机的模型与控制	孙一康	编著	59.00